# Contents

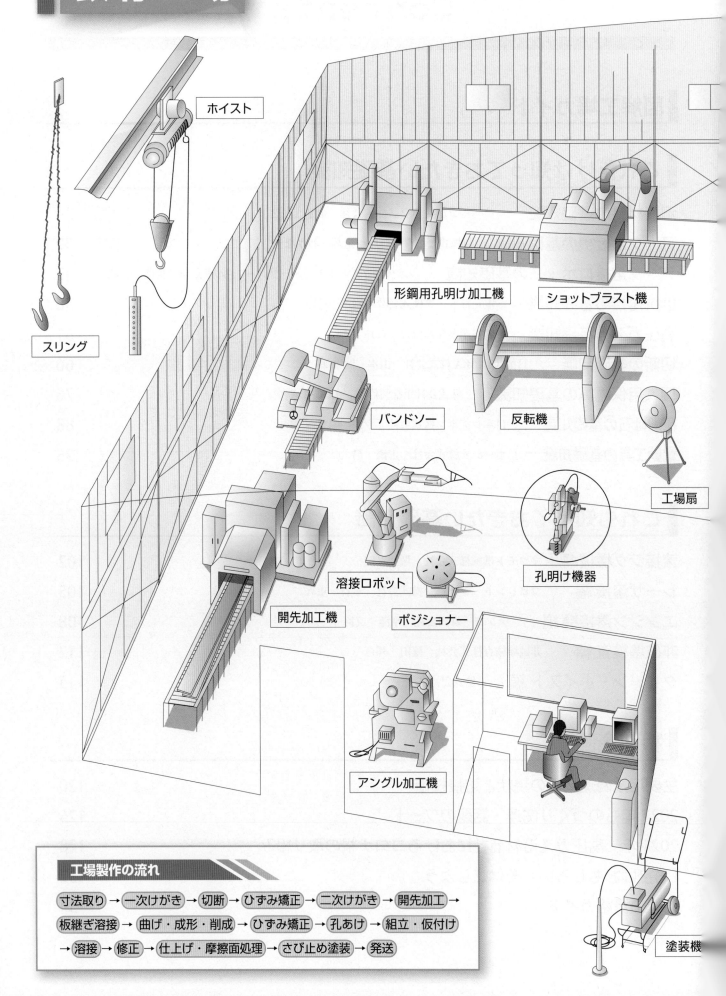

# 鉄骨工場

ホイスト

スリング

形鋼用孔明け加工機

ショットブラスト機

バンドソー

反転機

工場扇

溶接ロボット

孔明け機器

開先加工機

ポジショナー

アングル加工機

塗装機

**工場製作の流れ**

寸法取り → 一次けがき → 切断 → ひずみ矯正 → 二次けがき → 開先加工 →
板継ぎ溶接 → 曲げ・成形・削成 → ひずみ矯正 → 孔あけ → 組立・仮付け
→ 溶接 → 修正 → 仕上げ・摩擦面処理 → さび止め塗装 → 発送

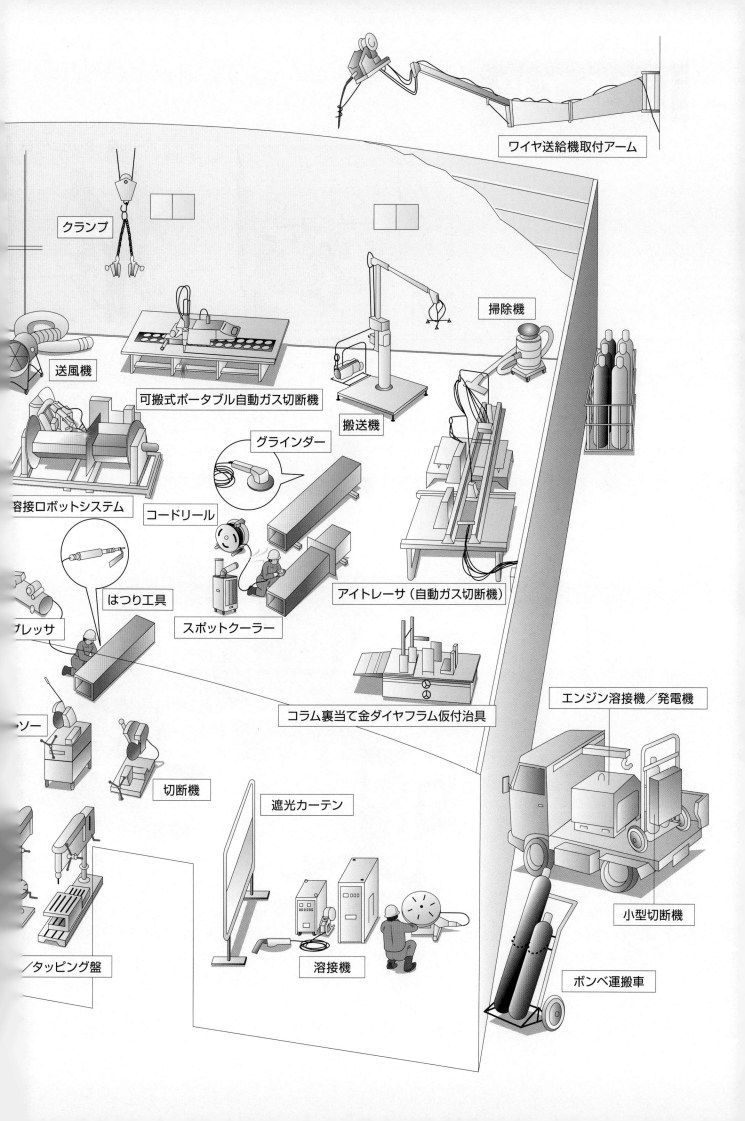

ワイヤ送給機取付アーム

クランプ

掃除機

送風機

可搬式ポータブル自動ガス切断機

搬送機

グラインダー

溶接ロボットシステム

コードリール

はつり工具

プレッサ

スポットクーラー

アイトレーサ（自動ガス切断機）

コラム裏当て金ダイヤフラム仮付治具

エンジン溶接機／発電機

ソー

切断機

遮光カーテン

小型切断機

／タッピング盤

溶接機

ボンベ運搬車

# 板金工場

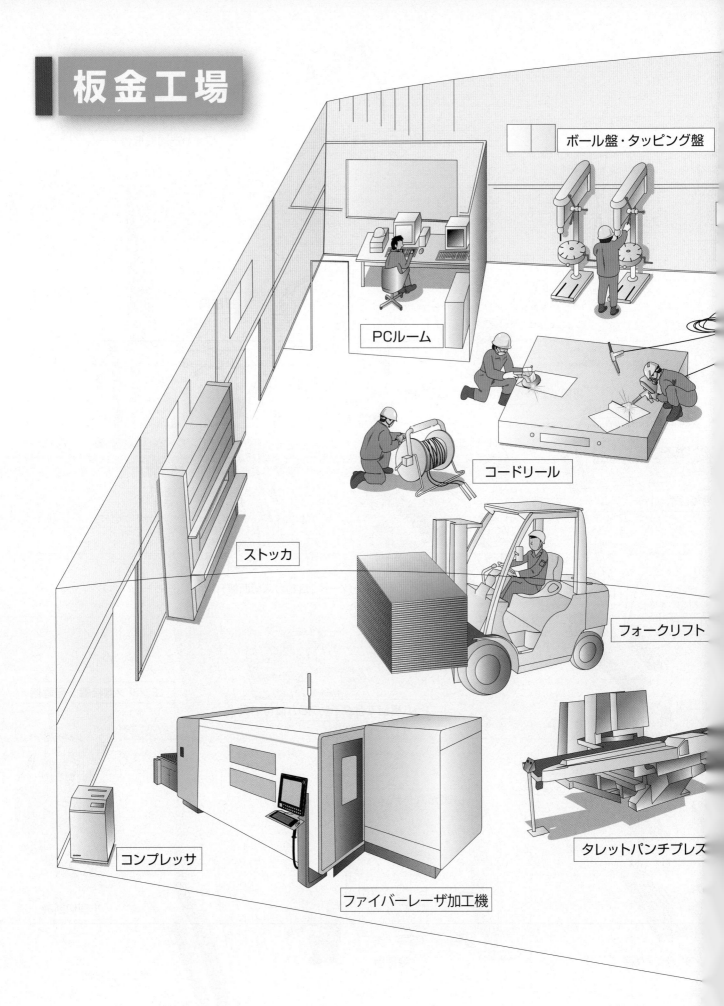

ボール盤・タッピング盤

PCルーム

コードリール

ストッカ

フォークリフト

コンプレッサ

ファイバーレーザ加工機

タレットパンチプレス

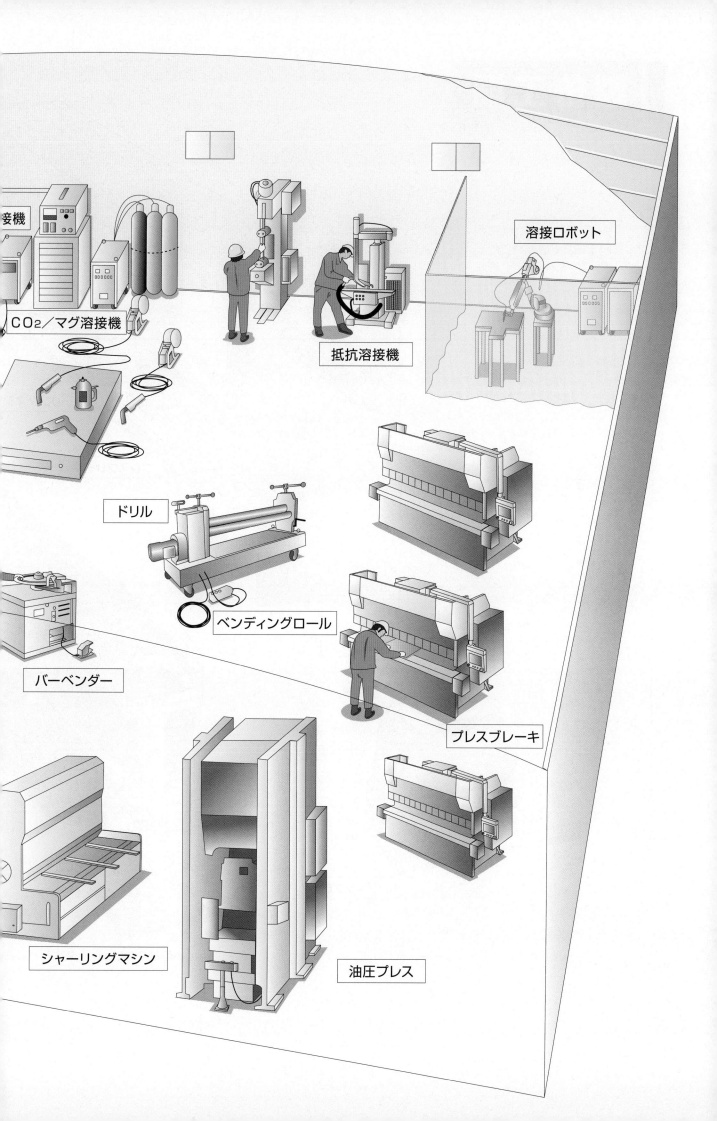

接機

CO₂／マグ溶接機

溶接ロボット

抵抗溶接機

ドリル

ベンディングロール

バーベンダー

プレスブレーキ

シャーリングマシン

油圧プレス

# 製缶工場

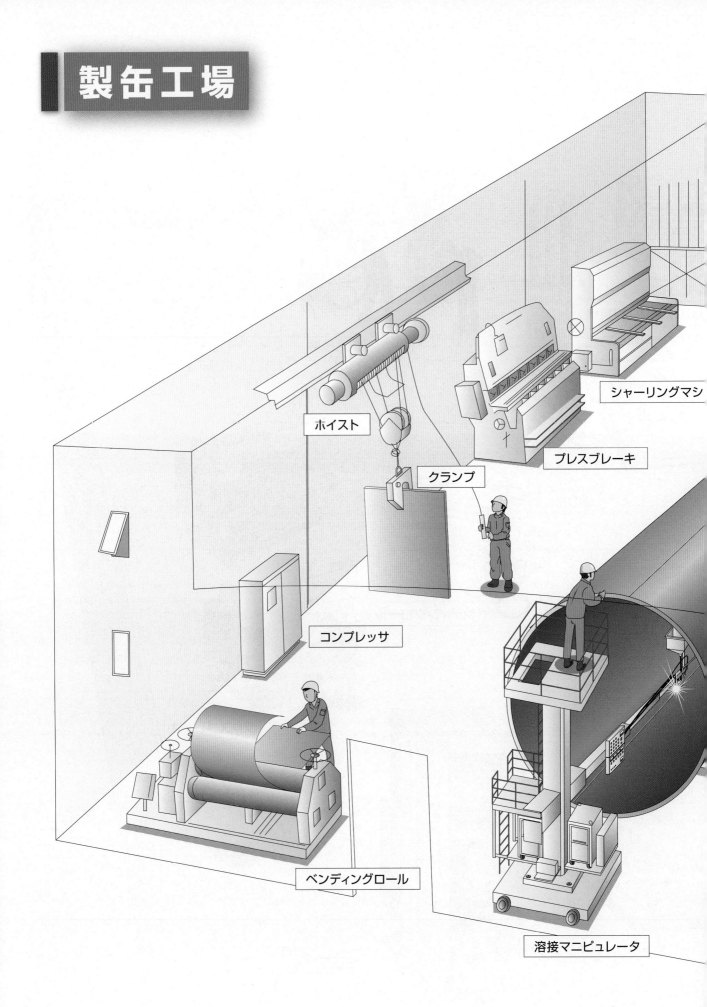

シャーリングマシ

プレスブレーキ

ホイスト

クランプ

コンプレッサ

ベンディングロール

溶接マニピュレータ

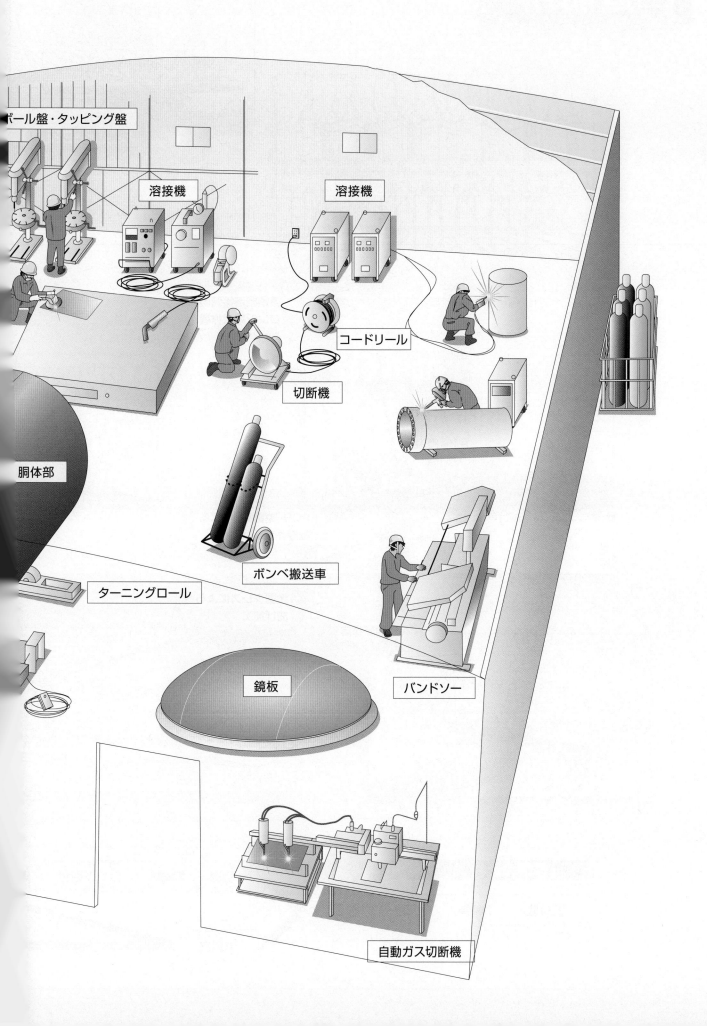

ボール盤・タッピング盤

溶接機

溶接機

コードリール

切断機

胴体部

ボンベ搬送車

ターニングロール

鏡板

バンドソー

自動ガス切断機

# 造船所

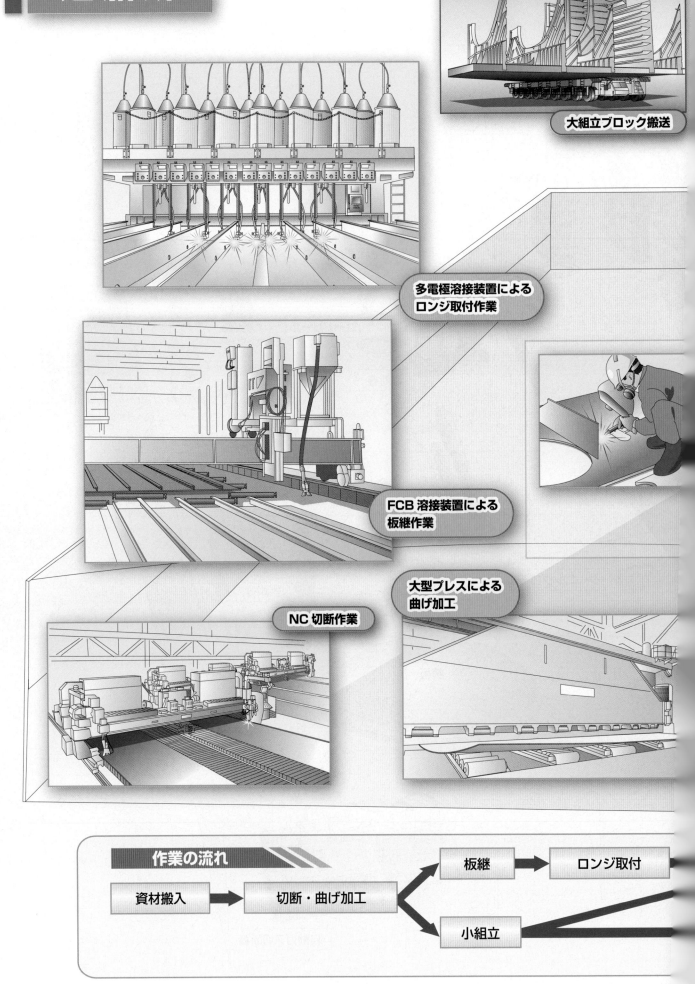

大組立ブロック搬送

多電極溶接装置による
ロンジ取付作業

FCB 溶接装置による
板継作業

大型プレスによる
曲げ加工

NC 切断作業

## 作業の流れ

資材搬入 → 切断・曲げ加工 → 板継 → ロンジ取付

切断・曲げ加工 → 小組立

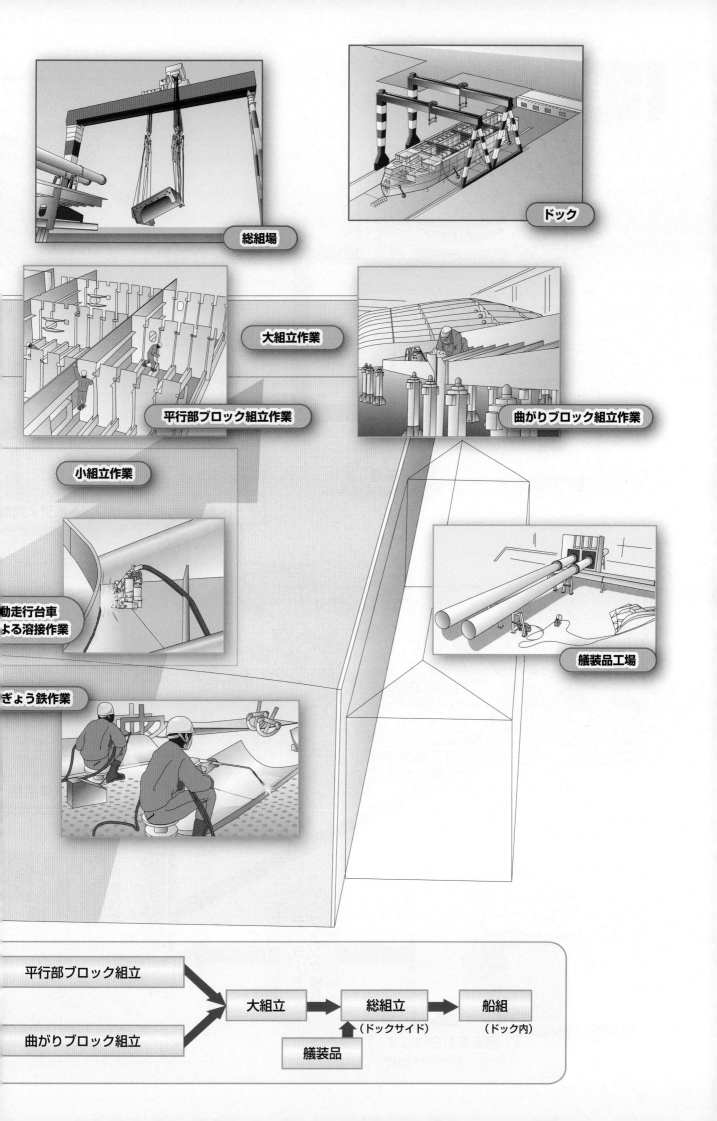

総組場

ドック

大組立作業

平行部ブロック組立作業

曲がりブロック組立作業

小組立作業

自動走行台車による溶接作業

ぎょう鉄作業

艤装品工場

平行部ブロック組立 ⟶ 大組立 ⟶ 総組立（ドックサイド）⟶ 船組（ドック内）

曲がりブロック組立

艤装品

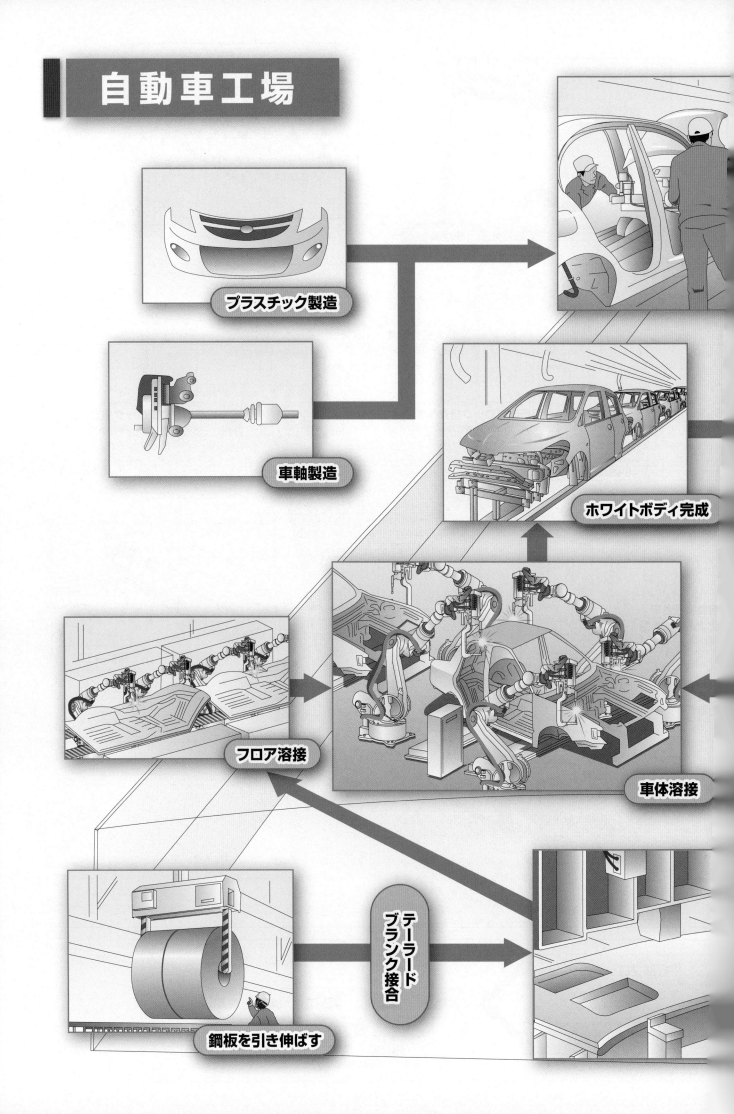

# 自動車工場

鋼板を引き伸ばす

プラスチック製造

車軸製造

ホワイトボディ完成

フロア溶接

車体溶接

テーラードブランク接合

鋼板を引き伸ばす

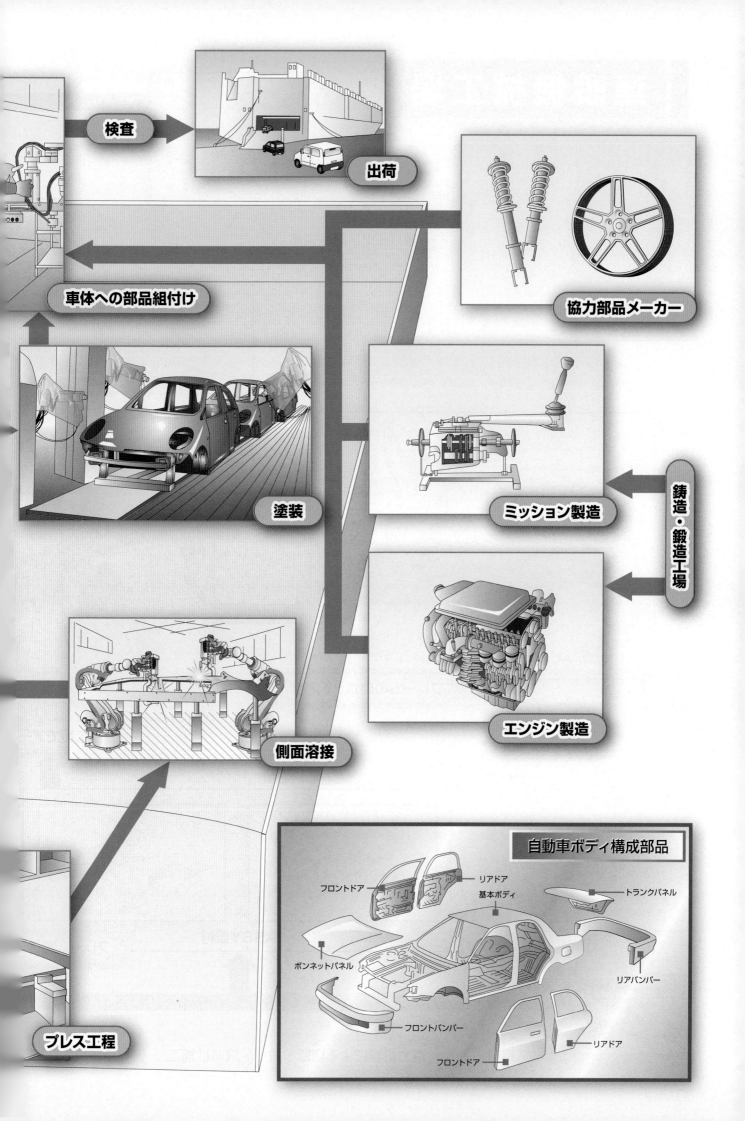

検査

出荷

車体への部品組付け

協力部品メーカー

塗装

ミッション製造

鋳造・鍛造工場

側面溶接

エンジン製造

プレス工程

自動車ボディ構成部品

フロントドア

リアドア

基本ボディ

トランクパネル

ボンネットパネル

リアバンパー

フロントバンパー

フロントドア

リアドア

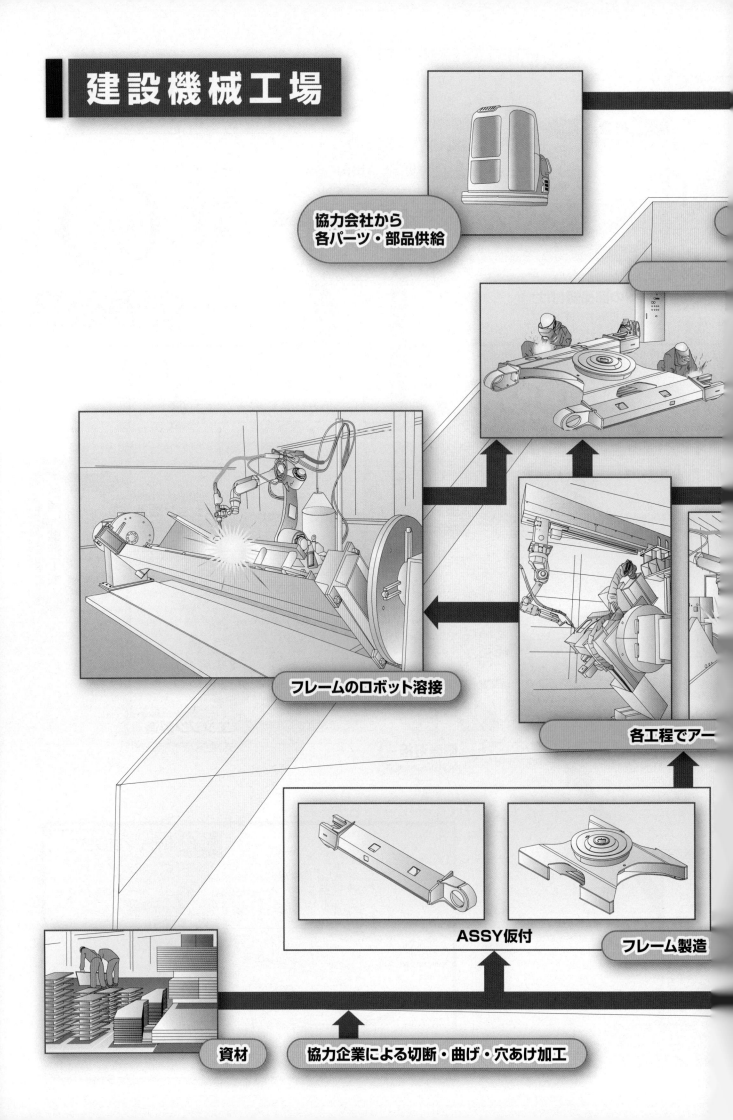

# 建設機械工場

協力会社から
各パーツ・部品供給

フレームのロボット溶接

各工程でアー

ASSY仮付

フレーム製造

資材

協力企業による切断・曲げ・穴あけ加工

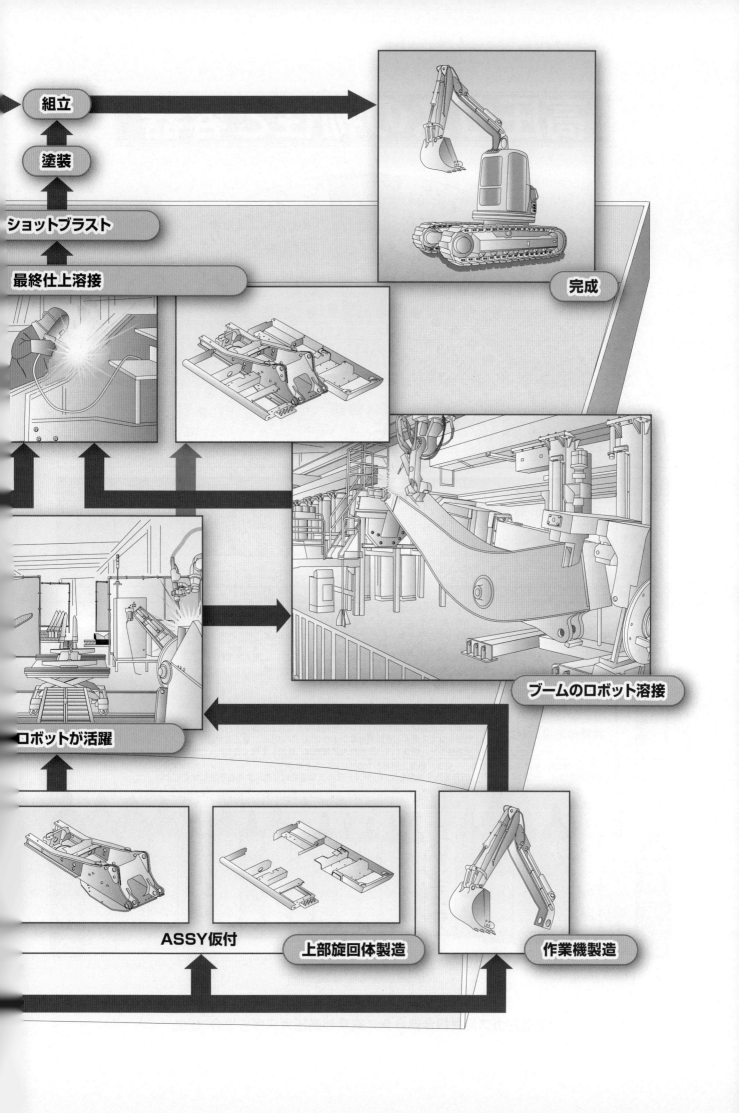

組立

塗装

ショットブラスト

最終仕上溶接

ロボットが活躍

ブームのロボット溶接

完成

ASSY仮付

上部旋回体製造

作業機製造

# 高圧ガスの物性と容器

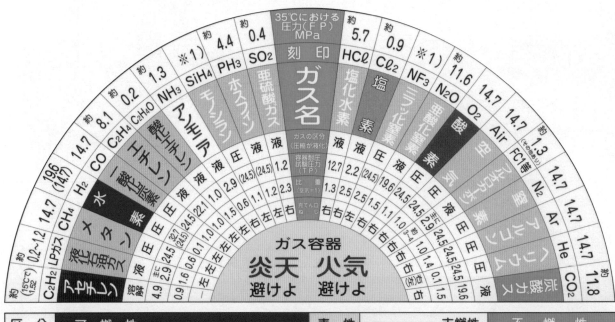

| 区 分 | 可燃性 | | | | 可燃性・毒性 | | | | 自燃性・毒性 | | 毒 性 | | | | | 支燃性 | | 不 燃 性 | | | | |
|---|---|---|---|---|---|---|---|---|---|---|---|---|---|---|---|---|---|---|---|---|---|---|
| ガス名 項目 | アセチレン | 液化石油ガス | メタン | 水素 | 一酸化炭素 | エチレン | 酸化エチレン | アンモニア | モノシラン | ホスフィン | 亜硫酸ガス | 塩化水素 | 塩素 | 三フッ化窒素 | 亜酸化窒素 | 酸素 | 空気 | フルオロカーボン | 窒素 | アルゴン | ヘリウム | 炭酸ガス |
| 爆発限界 (空気中容量%) | 2.5~100 | 1.6~11.5 | 5.3~14.0 | 4.0~75.0 | 12.5~70.0 | 2.7~36.0 | 3.0~100 | 15.0~28.0 | 1.4~※2) | 1.6~※2) | — | — | — | — | — | | | 可燃性部分 | | | | |
| 許容濃度 (ppm)※3 | — | — | — | — | 25 | 200 | 1 | 25 | 5 | 0.3 | 2 | 2 | 0.5 | 10 | 50 | | | | | | | 5000 |
| 中和剤 | — | — | — | — | — | — | 水 | 水 | アルカリ水溶液 | 塩化鉄 | アルカリ水溶液 | 消石灰又はアルカリ水溶液 | けい素との反応 | — | | | | | | | | |
| 保護具など | — | — | | | 防毒マスク又は空気呼吸器、保護衣、保護手袋、ゴム長靴、布類、ポリエチレンシート等、工具類、防災キャップ | | | | | | | | | | | — | | | | | | |
| 特 その他 の性 | 容器は立てて置くこと | 漏れガスは低所にたまる、管にはゴム劣化 | 無色・無臭 | | 窒息性 | 麻酔性 | 刺激性 | | 刺激性 | | 刺激性 | 刺激性 | | カビ臭 | 可燃物との接触に注意 麻酔性 | 油類注意 液化の合凍傷注意 | 液化の場合凍傷注意 | 多量に漏れたとき酸素欠乏に注意 液化の場合凍傷注意 | | | バルブの充てん口(取出口)ネジ左右あり | 窒息注意 |
| | | | | | ガス漏れに注意し、常に検知を怠らないこと。 | | | | | | | | | | | | | | | | | |
| 検 知 | 石けん水 | | | | 石けん水 | | | | 検知器 | | アンモニア水・検知器 | | 検知器 | | | 石 け ん 水 | | | | | | |

**注意事項**

共通の取扱いかた

1. 火気厳禁近くに可燃物を置かないこと。消火器を常備すること。
2. ガス漏れに注意すること。
3. 摩擦熱や空気乾燥時の静電気現象(着火)に注意すること。(可燃性ガスについて)

左項 1.を守ること。

1. 充てん容器は、常に温度40度以下に保つこと。
2. バルブの開閉は、静かに行ない、使用を中止したときは必ずバルブをしめること。
3. 容器を立てて置くときは倒れないようにロープかクサリなどをかけること。
4. 可燃性ガス、毒性ガス、支燃性ガス容器は、区別して置くこと。

注 ※1)充てん圧力は充てん量によって異なる。　※2)爆発上限界が100%に近いことを示す。
　　※3)許容濃度の数値は、米国のACGIHの2007年度版を採用した。　※4)アルミ製容器は塗色による表示をしなくてよい。

全国高圧ガス溶材組合連合会／東京都高圧ガス保安協会　提供

# インバータ式専用スポット溶接装置シリーズ

# ステンレス製 鉄道車両総組立溶接装置
## 鋼と未来をつなぐインバータテクノロジー

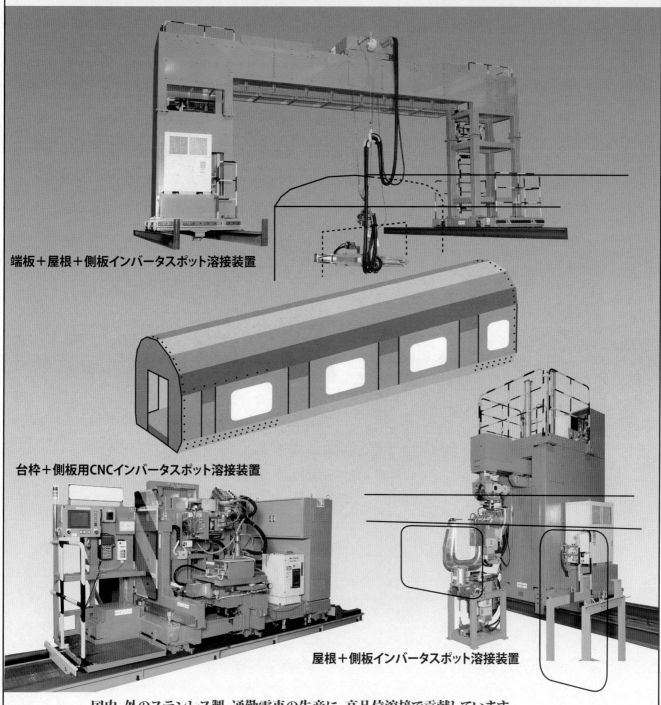

端板＋屋根＋側板インバータスポット溶接装置

台枠＋側板用CNCインバータスポット溶接装置

屋根＋側板インバータスポット溶接装置

国内、外のステンレス製 通勤電車の生産に、高品位溶接で貢献しています。

# 電元社トーア株式会社

本社 営業部／〒214-8588 川崎市多摩区枡形 1-23-1　TEL(044)922-1121
本社 海外事業部／〒214-8588 川崎市多摩区枡形 1-23-1 TEL(044)922-1117

北関東支店／TEL(0276)46-6621　　関西支店／TEL(06)6451-0521　　本社工場／TEL(044)922-1121
東海支店／TEL(0566)63-5318　　西日本支店／TEL(082)225-2573　　富山工場／TEL(0766)86-3113
東海支店 浜松営業所／TEL(053)401-0321　西日本支店 九州営業所／TEL(093)435-0071　近江工場／TEL(0748)75-1251

ISO 9001
JQA-QM7885

電源がなくても

電源があっても

溶接現場のニーズに応える総合メーカー

# IKURATOOLS

ホームページは
こちらから

育良精機株式会社

ものづくりの課題を解決する世界最高峰の溶接機&ロボット

究極の低スパッタテクノロジー

# シンクロフィード
## 溶接システム

## 最大電流が400Aにアップ
## 低スパッタ高品質溶接がより広範囲に

幅広フラットビード

板厚：3.2mm　溶接電流：200A
溶接速度：80cm/分

高速・低スパッタ

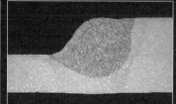

板厚：3.2mm　溶接電流：400A
溶接速度：150cm/分

# Welding Best Electronic Engine

## 磨き抜かれた溶接は、誰もが使えなければ意味がない。

LCDパネルと最新溶接モードがあなたをサポート

使いやすさをすべての人へ

# Welbee II

P350II
P350LII
M350II
M350LII

P500LII
M500II
M500GSII

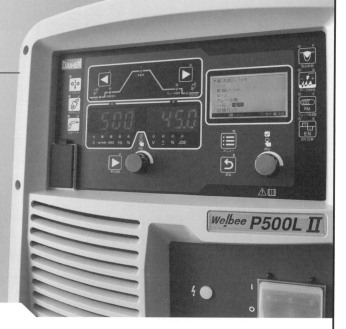

Welbee P500LII

DAIHEN ダイヘン
溶接・接合事業部/FAロボット事業部　https://www.daihen.co.jp/

株式会社ダイヘンテクノサポート
溶接機・切断機：0120-856-036　ロボット：0120-675-039

大陽日酸
The Gas Professionals

Shielding Gases for MAG, MIG, TIG and Plasma Welding are

# San Arc® Gases

造船、自動車、建設、橋梁、半導体、多くの産業分野で、日々進化・進歩し続けている溶接技術。

大陽日酸は各種の用途に応じた高品質なシールドガス「サンアーク®・シリーズ」を、お客様に最適な方法で速やかに供給しています。さらに、調整器や混合器、専用ホースなど、ガス供給にかかわる機器も溶接に適した仕様で提供し、生産性の向上、コストダウン、環境改善等のご要望にお応えしています。

サンアーク・シリーズ
Lineup

PHサンアーク　AHサンアーク　MOサンアーク　サンアーク　ブライトサンアーク　フラッシュサンアーク　スーパーサンアーク　Hi-Speed PHサンアーク

大陽日酸はこれからも、レーザ溶接を始め、新しい時代のニーズをサポートします。

≪サンアーク・シリーズの豊富な製品群≫

| 品　名 | 適用材質 | 溶接方法 | 特　長 |
|---|---|---|---|
| サンアーク | 炭素鋼、低合金鋼 | マグ | 汎用性、低スパッタ |
| スーパーサンアーク | 亜鉛メッキ炭素鋼、炭素鋼、低合金鋼 | マグ | 万能型、高品質仕様 |
| MOサンアーク | 薄板炭素鋼、ステンレス鋼 | マグ、ミグ | 薄板向け、フェライト系ステンレス鋼に最適 |
| PHサンアーク | オーステナイト系ステンレス鋼 | ティグ、プラズマ | 高能率、ビード酸化防止 |
| ブライトサンアーク | オーステナイト系ステンレス鋼 | ミグ | 低スパッタ、光沢のあるビード |
| AHサンアーク | アルミニウム、チタン、銅、非鉄金属など | ミグ、ティグ | 高能率、幅広・平坦ビード |
| フラッシュサンアーク | ステンレス鋼 | ミグ | 耐ブローホール性、低電流でのアーク安定性 |
| SCサンアーク | ステンレス鋼 | ミグ | 酸化防止、幅広・平坦ビード |
| Hi-Speed PHサンアーク | オーステナイト系ステンレス鋼 | ティグ | 自動溶接に最適、高速性 |

大陽日酸株式会社

工業ガスユニット　ガス事業部
〒142-8558　東京都品川区小山 1-3-26
TEL. 03-5788-8335　www.tn-sanso.co.jp

# regulate_high pressure

for industrial pressure controls

集積化ガスシステム用圧力調整器
L18シリーズ

半導体製造プロセス用圧力調整器
L20シリーズ

医療用酸素圧力調整器
MORHシリーズ

特殊ガス用圧力調整器
ステンレス製 Gシリーズ

炭酸ガス用圧力調整器
FCRシリーズ

超高圧用圧力調整器
HPRシリーズ

ガス混合装置
ブレンダーシリーズ

株式会社 ユタカ
www.yutaka-crown.com
TEL. 03-3753-1651

※ Crown/YUTAKA,e-regulatorロゴは、株式会社ユタカの日本およびその他の国における商標。

造船、鉄鋼、橋梁など、あらゆる分野において
世界中で高い評価を誇るサンリツの溶接棒ホルダ。
作業現場の効率化を考え続け、愚直にジョイントに拘ってきた我々は
ものづくりの技能伝承の一翼を担うため、これからも日々の研鑽を積んでいきます。

ジョイント——それは人ともの、人と人がつながる瞬間。

# 繋ぐはケーブル、結ぶは人。

### JIS認証
JIS
C9300-12
認証取得

### ケーブルジョイント
[CSシリーズ]

耐熱性・耐候性が大幅にアップ!
従来より3~5倍の高寿命、ゴムカバー交換コストを削減!
ゴム難燃性試験規格UL94規格V0試験合格

### 世界初
新JIS認証
認証番号
JE0508028

### 新JIS認証溶接棒ホルダ
SJシリーズ

絶縁カバーに
特殊ガラス繊維樹脂を使用で、
強度・耐熱がさらにアップ!

*Sanritsu* SANRITSU ELECTRIC INDUSTRIAL CO.,LTD. **三立電器工業株式会社**

本社・工場　〒551-0031 大阪市大正区泉尾6丁目5番53号　TEL.06(6552)1501(代表)　FAX.06(6552)7007
JIS 表示認証 JE0508028(溶接棒ホルダ)　JIS 表示認証 JE0510002(ケーブルジョイント)　全国有名溶材商社でお求めください。

# スパッタ取りが楽になる

専用スプレー 霧美人

霧が微細で垂直面の液垂れ流れの無駄なし。消耗品の交換だけで20年以上使用できます。

# ケレン時間が激減します。

## 防止剤の使用量は1/3以下になります

超強力薄ぬり型

超薄ぬりスプレー

もっと早く知りたかった

S造船Iさん

スパッタ防止剤
W-66
SOLARON
ワーナーケミカル

スパッタがつかなくなってびっくりです！

M重工Aさん

サンプル提供
霧美人の無料貸出
いたします

# ワーナーケミカル株式会社

〒362-0806 埼玉県北足立郡伊奈町小室 5347-1
TEL 048-720-2000　FAX 048-720-2001

# Partnership

## より強い絆づくりをめざしています

私たちはディーラーの皆様に積極的に新製品情報を提供し、スムーズな市場作りに努め、
常に「相手の立場になって信頼を得る」、この理念に基づき相互信頼を築きたいと考えています。
取引先、仕入先、弊社の三者の絆を深め、市場ニーズを的確にメーカーにフィードバックさせ、
市場へのあくなき挑戦ができるものと確信しております。
これからもより強い絆づくりをめざしてまいります。

## ㈱ 日東工機株式会社

本 社／〒108-0073　東京都港区三田5丁目6番7号　☎東京(03)3453-7151番（大代表）FAX(03)3453-5235　http://www.nittokohki.co.jp/

東 京 支 店／電話(03)3456-2921　　東 北 支 店　　　　　　　　　　八王子営業所／電話(042)645-0811　　千葉営業所／電話(0436)40-3281
北関東支店／電話(0480)70-2373　　　仙台営業所／電話(022)288-8590　札幌営業所／電話(011)787-7761　　名古屋営業所／電話(052)824-6661
神奈川支店／電話(045)534-8471　　　盛岡営業所／電話(019)601-7681　長野営業所／電話(0263)27-4760　　産業機材課／電話(03)3453-5231
新 潟 支 店／電話(025)274-4903　　　機工事業所／電話(03)3695-7811　水戸営業所／電話(029)228-5470　　北陸出張所／電話(080)5929-5584

# ものづくりを、叶える星に。

お菓子のパッケージから水素自動車まで。

製造業・ものづくりに欠かせないガスを、私たちは届けています。

企業や官公庁の研究機関から工場の製造ラインまで、

産業や社会の発展を、私たちは支えています。

私たちの歴史は、日本の産業ガスの歴史そのもの。

これからも、ガスの専門商社・メーカーとして、技術の革新を支え、

ものづくりを叶える星になる。

それが私たち鈴木商館の使命です。

 鈴 木 商 館

本社　〒174-8567 東京都板橋区舟渡 1 丁目 12 番 11 号
TEL：03(5970)5555　FAX：03(5970)5560
URL　https://www.suzukishokan.co.jp

詳しくは
こちらから

**シゲマツ**

創業1917年

電動ファン付き呼吸用保護具
**Powered Air Purifying Respirator**

# 溶接ヒューム（マンガン）対策に！

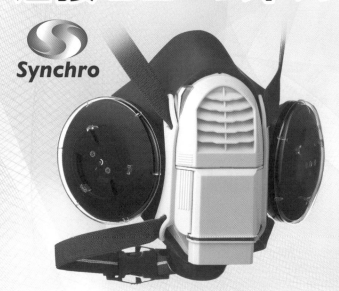

**Synchro**

溶接ヒュームについて、労働者に神経障害等の健康障害を及ぼすおそれがあることが明らかになったことから、労働者へのばく露防止措置や健康管理を推進するため政令、省令等の改正が行われました。
（令和3年4月1日から施行。一部に経過措置あり。）

## Sy28RX2・5

型式検定合格番号 第TP113号
国家検定区分 通常風量形/PL2/A級

指定防護係数：**33**

●フィルタ**X2**を取付けるとSy28RX2になります。
（国家検定区分 通常風量形/PL1/B級
指定防護係数：14）

## Sy11FV3

型式検定合格番号 第TP18号
国家検定区分 大風量形/PL3/S級

指定防護係数：**50**
↓
指定防護係数：**300**

※指定防護係数が「300」を上回ることを明らかにする内容を、製品に添付しています。

有効な呼吸用保護具の一例

改正の
ポイント

## 金属アーク溶接等作業を継続して屋内作業場で行う皆さまへ

**POINT ①**

「溶接ヒューム」が特定化学物質の第2類物質に位置付けられました。
さらに、管理濃度が「マンガンとして0.05mg/㎥（吸入性粉じん）」に変更されました。

**POINT ②** 経過措置期間：令和4年3月31日まで

測定の結果に応じた呼吸用保護具の選定と使用が必要になりました。
※測定結果から「要求防護係数」を求め、その値を上回る「指定防護係数」を有する呼吸用保護具を選定してください。

**POINT ③**

個人サンプリングによる溶接ヒューム（マンガン）の濃度測定が必要となりました。

**POINT ④** 経過措置期間：令和5年3月31日まで

面体形の呼吸用保護具を選定した場合、1年以内ごとに1回、フィットテストの実施が義務付けられました。

**STS** 株式会社 **重松製作所**
SHIGEMATSU WORKS CO., LTD.

www.sts-japan.com

本 社
〒114-0024 東京都北区西ケ原1-26-1
TEL 03(6903)7525（代表）

団結

溶接とは、つなぐこと。つながること。
私たちはこのフィールドに心血を注いできた。
人と人も同じ。溶け込み、混じり合うことで強くなる。

**MAC**
Mutual 【相互の・共同の】
Assistance 【援助・助力】
Cooperation 【協力】

信頼のブランド"MAC"

MACはマツモト産業の企業理念に商標にしたものです。
この商標には、製品を売る人、買う人が一体となって時代の
要求に応えていきたいとする願いが込められています。

 マツモト産業株式会社

本 社
〒550-0004 大阪市西区靱本町1-12-6 マツモト産業ビル
TEL.06-6225-2200(代表)　FAX.06-6225-2203

Gas One

ガスワン 🔍 https://www.saisan.net/

ガスワンサービスセンター 24時間365日受付
**0120-41-3130**

Ene One

# おトクな電気は エネワン でんき

http://saisan.net/saisan/pps2/
エネワン 🔍

エネワンサービスセンター デンリョク イッショニ
**0120-106-142**

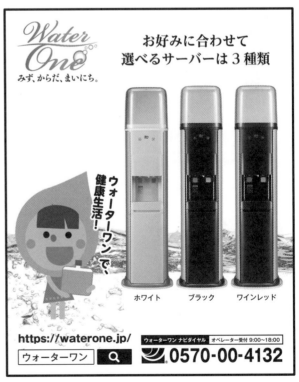

Water One
みず、からだ、まいにち。

お好みに合わせて
選べるサーバーは3種類

ウォーターワンで、健康生活！

ホワイト　ブラック　ワインレッド

https://waterone.jp/
ウォーターワン 🔍

ウォーターワン ナビダイヤル オペレーター受付 9:00～18:00
**0570-00-4132**

# 株式会社サイサン

本社：〒330-0854 埼玉県さいたま市大宮区桜木町一丁目11番地5
TEL.048-641-8211(代)

伊奈高圧ガスセンター：〒362-8539　埼玉県北足立郡伊奈町大字小室字道上10360　　産業ガス部：TEL.048-722-9011

# "怪傑・瓶々丸"® Ver 9.2シリーズ

かいけつ・びんびんまる

資料請求・訪問デモのお申し込み随時受付中!
ホームページ
http://assist1.co.jp

〈 トータル型管理システム 〉
怪傑・瓶々丸®
Nシステム・N-Liteシステム

〈 オールインワン簡易型管理システム 〉
"怪傑・楽々瓶"®
簡易容器管理 簡易販売管理

〈 小型容器管理システム 〉
"怪傑・簡単瓶"®
Jシステム（自社導入型）
Uシステム（最終消費先活用型）

**おかげさまで容器管理システム納入実績NO.1**
**パソコン1台から大規模環境までご要望にあわせたご提案をさせて頂きます**

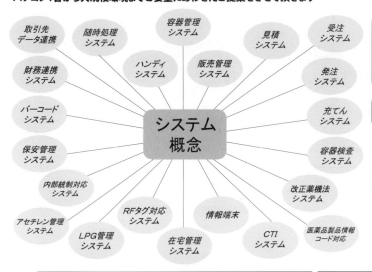

取引先データ連携
随時処理システム
容器管理システム
見積システム
受注システム
ハンディシステム
販売管理システム
発注システム
財務連携システム
充てんシステム
バーコードシステム
システム概念
容器検査システム
保安管理システム
改正薬機法システム
内部統制対応システム
RFタグ対応システム
情報端末
医薬品製品情報コード対応
アセチレン管理システム
LPG管理システム
在宅管理システム
CTIシステム

**➤ PICK UP SYSTEM**
## 保安管理
法令順守の保安管理システム

⇨ 周知書
毎年の発行・周知・受領書の印刷により、周知業務の改善
⇨ 保安台帳
周知記録・SDS記録・点検記録を保安台帳に反映
契約内容記録・地図情報・配置・配管画像記録、参照
⇨ ガス貯蔵量
最終消費先 及び 自社の貯蔵量チェック、貯蔵量違反防止
⇨ 点検記録
各種点検の記録（社内、始業、充てん設備、最終消費先 等）

**➤ PICK UP SYSTEM**
## 新容器検査

⇨ 検査データ・部品交換データを現場で入力し、検査成績書・検査日報・月報の作成を簡素化
検査データから売上・請求にもデータ連携可能なシステム

**➤ PICK UP SYSTEM**
## 新ハンディターミナル
新型高性能機登場

⇨ ハンディの特長
大容量小型高性能ハンディ、RFタグ対応・通常バーコード対応
バーコード読取性能UP（弊社従来機比較）
⇨ 現場での作業効率を大幅に向上
作業効率改善・ミス防止を強化（弊社特許手法活用）

新型バーコード対応ハンディ（左）
RFタグ対応ハンディ（右）

### 取扱店

**エスシーウエル株式会社**
東日本営業部 東京支店　TEL (048) 813-3300
中日本営業部 名古屋支店　TEL (052) 726-9030
　　　　　　 北陸支店　　TEL (0766) 27-6107
西日本営業部 関西支店　　TEL (078) 978-0511
　　　　　　 関西支店（大阪）TEL (06) 6302-1115
　　　　　　 広島支店　　TEL (082) 258-5314
　　　　　　 九州支店 福岡営業所 TEL (092) 431-4411
　　　　　　 九州支店 北九州営業所 TEL (093) 883-0633
　　　　　　 九州支店 佐世保営業所 TEL (0956) 31-7458

**富士通 Japan 株式会社**
東京エリア本部
東京第四統括ビジネス部
第二ビジネス部　TEL (03) 6281-4111

### 開発・販売元

**株式会社 アシスト・ワン**
東京本社 〒169-0075 東京都新宿区高田馬場一丁目 24 番 16 号（内田ビル 2 階）
　TEL：03-6233-9810　FAX：03-3232-2551

大阪支社 〒556-0011 大阪府大阪市浪速区難波中 3 丁目 6 番 8 号
　（難波シーサータワービル 6 階）
　TEL：06-6648-7780　FAX：06-6648-7788

タセト
TASETO

# 受け継がれてきた、世界基準
## CARRYING ON A TRADITION OF GLOBAL STANDARDS

**WELDING CONSUMABLES**
## 溶接材料
被覆アーク溶接棒
フラックス入りワイヤ
TIG溶接材料
MIG溶接ワイヤ
サブマージアーク溶接材料

**CHEMICAL PRODUCTS**
## ケミカル製品
探傷剤
ー カラーチェック・ケイコーチェック
探傷機器・装置
磁粉
漏れ検査剤
ー モレミール・リークチェック
溶接関連ケミカル品
ー スパノン・シルバー
洗浄剤・潤滑剤・酸洗剤
電解研磨装置・研磨液

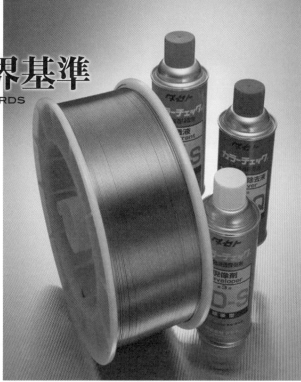

**株式会社タセト**
TASETO Co., Ltd.
本社　〒222-0033
神奈川県横浜市港北区新横浜 2-4-15
TEL：045-624-8913
FAX：045-624-8916

# http://www.taseto.com

●札幌支店
TEL：011-281-0911
●東北支店
TEL：022-290-3603
●関東支店
TEL：048-682-2626
●東京支店
TEL：045-624-8952
●名古屋支店
TEL：052-746-3737
●大阪支店
TEL：06-6190-1911
●岡山支店
TEL：086-455-6161
●広島支店
TEL：082-962-2730
●福岡支店
TEL：092-291-0026
●海外部
TEL：045-624-8980

製造業の現場を支え 未来を拓く企業へ…
私たちは常に挑戦し続けます

**OK** **OKAYASU**

産業ガスから工場設備までトータルに提案いたします。

■ガス部門
圧縮ガス／液化ガス／ガス供給装置

■溶断器・溶接機材・溶接材料部門
溶接機／溶接治具／溶断機／
溶接棒・溶接ワイヤー／保護具

■機具・工具部門
機具及び工具

■電機部門
三菱電機機器製品／三菱電機製ホイスト

■機械部門
工作機械・NC工作機械／プレス機・折曲機／
切断機／射出成形機

■環境・設備部門
荷役機器
クレーン／関連部品／関連機器

# 岡安産業株式会社

本社 〒273-0018 千葉県船橋市栄町1-6-20
TEL:047-435-0655 FAX:047-431-1438
営業拠点 千葉営業所・結城営業所・三菱電機機器営業部

---

ガスのセッティングに最適。そして経済的

# KSガス簡易集合機器

設置簡単

即納

格安

安全

## 仕様

○各種高圧ガス全てに対応

○本数多い場合の増結可能、直列・並列切替タイプも各種出来ます

○手持の調整器を利用して更に格安

| 形式(直列標準) | 容器数 | 高さ(mm) | 幅(mm) | 奥行(mm) | 重量(kg) |
|---|---|---|---|---|---|
| KS7-1MG | 1本用 | 1470 | 400 | 330 | 7.0 |
| KS7-2MG | 2本用 | 1470 | 700 | 380 | 17.0 |
| KS7-3MG | 3本用 | 1470 | 1020 | 380 | 20.0 |

※MGは市販調整器25MPa×1.6MPaがついています。
※調整器不要の場合はKS7-1M・KS7-2M・KS7-3Mをご指示下さい。
※ご注文の際はガス名及び関東式・関西式をご指示下さい。

 便利な製品を提案する
# カミマル株式会社
www.kamimaru.co.jp

本　社 〒105-0013 東京都港区浜松町2-7-11
TEL. 03-3436-1436

KS商品課 〒105-0013 東京都港区浜松町2-7-11
TEL. 03-5473-7842 FAX. 03-3436-1441

技　術　課 〒143-0004 東京都大田区昭和島2-4-1
TEL. 03-3768-2099 FAX. 03-3768-2377

# 溶接の高品質化をサポートします

## 溶材・産業機器の総合商社

 東京山川産業株式会社

●本社／〒108-0074　東京都港区高輪2-1-23　TEL.03(3443)8171　FAX.03(3443)8640
http://www.tokyo-yamakawa.co.jp

●支店／東京・太田・鹿島　●営業所／川崎・相模・埼玉・水戸・つくば・富津・名古屋・静岡・仙台

「つなげる仕事のお手伝い」
溶接機のレンタル

溶接現場の困った！をよかった！に。
問題解決のお手伝い。

必要なときに安心とともに必要なだけ！
レンタル部　https://ikuzusrental.jp/

📞03-5627-3939

月〜土 8:30〜17:30（日・祝日休業）

Since 1948　ⓈⓉⓈ　鈴木機工株式会社

http://ikuzus.co.jp/

鈴木機工　検索

| レンタル部 | 東京都江東区亀戸 7-53-2 | TEL 03-5627-3939 | FAX 03-5627-3938 |
| 本　社 | 東京都江東区北砂 3-1-9 | TEL 03-3645-2161 | FAX 03-3648-5927 |
| 東関東営業所 | 千葉県千葉市花見川区千種町 73-5 | TEL 043-250-3033 | FAX 043-250-3167 |

溶接をトータルで考え

# 未来へつなぐ

**KOBELCO** **Panasonic**

お客様のコストダウン実現をお手伝いいたします。

 精工産業株式会社

| 本　　　社 | 〒103-0005　東京都中央区日本橋久松町 9-9（FRAM 日本橋） |
| --- | --- |
| | ☎03-5640-9815　FAX:03-5640-9829 |
| 新潟営業所 | 〒950-0912　新潟県新潟市中央区南笹口 1-1-54（日生南笹口ビル） |
| | ☎025-249-1801　FAX:025-249-1804 |

URL：http://www.seikosangyo.com

---

https://www.tokyo-koatsu.com

# 短納期・低コスト・安定供給
# 高品質なガスを全国へ！

特殊ガス
- ・各種高純度ガス
- ・標準ガス
- ・希ガス
- ・混合ガス
- ・レーザーガス

特殊ガス工場分析室

**東京高圧山崎株式会社** TEL：**03-3409-7541**

本　　社／〒150-0002 東京都渋谷区渋谷一丁目9番8号　FAX：**03-3499-4481**

# 信頼と実績を誇る溶接機専門会社

溶接機 レンタル 修理・販売

交流溶接機 エンジンウエルダー(リモコン仕様) CO2/MAG自動溶接機 直流TIG溶接機

   フルデジタル

YK305AH1　　GAW-185ES　　350GB1　　　　　YC-300BM2

エンジンウエルダー(リモコン仕様)　可変速エンジンTIG溶接機　小型アルゴン溶接機

DAT-300LS　　　DAT-270ES　　　BK200(AC100・200単相)

【各種レンタル】
エンジンウエルダー、バッテリ溶接機、
AC溶接機、DC溶接機、アルゴン溶接機、
CO2/MAG溶接機、可変速エンジンTIG溶接機、
エアープラズマ切断機、エンジン
プラズマ切断機など豊富に取り揃えております。
お気軽にお問い合せ下さい。

ISO 9001 2015 認証取得

URL http://www.kyoeikenki.jp
E-mail: rental@kyoeikenki.jp

 共栄建機株式会社

本社・工場　〒230-0052　横浜市鶴見区生麦2-3-23
　　　　　　TEL045-521-5136　FAX045-504-6516
厚木営業所　〒243-0801　厚木市上依知1259-16
　　　　　　TEL046-245-3966　FAX046-245-7818
千葉営業所　〒266-0026　千葉市緑区古市場町474-340
　　　　　　TEL043-263-9757　FAX043-263-9768

---

## 溶接関連企業の　最新情報が満載！

# 2021全国溶接銘鑑

産業出版　編
B5判　上製箱入り　定価:本体41,250円(本体37,500円＋税10%)

　全国の溶接材料および溶接機器の製造・販売会社、高圧ガスの製造・販売会社、非破壊検査機器製造・検査会社、溶射等の加工・サービス、輸入商社、販売会社など、最新業態動向を、溶接関係主要全国団体の会員名簿とともに集大成した年刊の資料です。各社ごとの収録項目は、事業内容、資本金、大株主、取引銀行、仕入先、販売先、業績、従業員、事業所所在地、近況や特色等。それらの内容は、各事業所から直接提出を受けた「調査票」を基本に、当社独自の調査を加えた最新情報で、その後に変更された事項も可能な限り更新しています。便利な五十音順、業種別、都道府県別の索引付。

## 産報出版株式会社

http://www.sanpo-pub.co.jp
書店にない場合は上記の当社ホームページでも
お申し込みいただけます。

●東京本社：〒101-0025 東京都千代田区神田佐久間町1-11
　　　　　　TEL：03-3258-6411　FAX：03-3258-6430
●関西支社：〒556-0016 大阪市浪速区元町2-8-9
　　　　　　TEL：06-6633-0720　FAX：06-6633-0840

# "溶接"に関連するメディアをトータルに展開する専門出版社

## 週刊 溶接ニュース

毎週火曜日発行　年間購読料　25,633円（税10%、送料込み）

溶接を取り巻く産業界の最新動向，内外の新技術や新製品，工業材料や工業製品の生産統計，注目される話題の探訪，現場からの報告等，全国各地にわたる取材網を活かし，様々な情報を提供する毎週火曜日発行の新聞。一般社団法人日本溶接協会の機関紙でもあり，同会の各委員会や各指定機関行事の詳細も報道。

## 月刊 溶接技術

毎月20日発売
年間購読料　17,939円（税10%、送料込み）

溶接技術の向上，発展を目的に，内外各産業界のあらゆる分野における溶接・接合についての調査研究結果，最新技術情報，入門講座など豊富な記事を，毎号特集を組んで掲載する唯一の溶接技術専門誌。一般社団法人日本溶接協会の機関誌として，斯界でも屈指といえる編集委員の陣容を誇る。

## 日刊 産業特信
### 溶接 高圧ガス版

休刊日：土曜、日曜、祝祭日、
　　　　夏期、年末年始

購読料　6カ月：32,400円　1年：64,800円（軽減税率対象　税8%、送料込み）

わが国の工業界において、重要な役割を果たしている溶接関連機器製造会社やその販売会社、溶接材料製造会社やその販売会社、高圧ガス製造会社やその販売会社等、溶接に携わる産業界の一挙手一投足を、関係者の日々の業務指針となり得るように、正確かつ迅速に報道する権威ある業界唯一の日刊速報紙。

## 週刊 Sas ガスメディア Weekly 電子版

毎週火曜日配信（週刊）　カラー電子版
購読料　6カ月：11,000円　1年：22,000円（税10%、送料込み）

人類が活動する全ての場所で使用されるガス全体を網羅した電子版メディア。産業用、医療用に利用される酸素・窒素・アルゴンをはじめ、次世代エネルギーとしても期待される水素、家庭用LPガスなどの一般情報まで、ガスに関するあらゆる情報を掲載し、国内外の最新動向をきめ細かく発信。

# 産報出版株式会社

http://www.sanpo-pub.co.jp

東京本社：〒101-0025 東京都千代田区神田佐久間町1-11
　　　　　TEL：03-3258-6411　FAX：03-3258-6430
関西支社：〒556-0016 大阪市浪速区元町2-8-9
　　　　　TEL：06-6633-0720　FAX：06-6633-0840

# 広告索引（五十音順）

これだけは知っておきたい
基礎知識

# 溶接材料の基礎知識

金子 和之

コベルコ溶接テクノ株式会社　CS推進部CSグループ

## 1. はじめに

　溶接は，被接合材料に局部的にエネルギーを与え接合する方法である。1801年のアーク発見，1881年のアーク溶接法発明より，様々なエネルギーを用いた溶接法が開発されている。近年では溶接材料はもとより，溶接電源・ロボットも目覚ましい発展を遂げている。

　主要産業である，建築鉄骨・造船・自動車・橋梁・建設機械などでは溶接を用いる。今回は溶接の基本となる材料の選定，代表的な溶接材料，取扱方法を紹介する。

## 2. 溶接材料の選定方法

　最も身近な接合法である接着剤でも，木材・プラスチック・紙・ゴム用と被接着物ごとに多くの種類がある。溶接材料も被溶接物＝母材（鋼材など）に合わせて開発されており，その選定が重要である。溶接が適用できる材料には鉄鋼材料やアルミニウム・チタン等の非鉄金属など，数多くの種類がある。

　一般的に溶接金属を含む溶接部には母材と同等以上の性能が要求される。そのため溶接材料は母材に合わせJISが整備されている（**表1**）。

　溶接方法の選定は①製作物の大きさ②板厚③溶接姿勢④溶接長⑤溶接金属の要求性能⑥生産数量⑦工場の溶接設備などから，能率・コストなどを考慮して行う。また溶接材料の選定には，母材のJISを明確にする必要ある。図面や指示書などから鋼材のJISがわかれば，溶接材料の規格は選定できる。しかし，**表1**のJISは基本的な機械的性質・化学成

表1　溶接材料のJISの規格番号（ただし、頭のJISを省略して表記　例:JIS　Z 3319　⇒ Z 3319）

| 被溶接材の種類 | 鉄鋼 JISの一例 | 被覆アーク溶接 | マグ溶接・ミグ溶接 ソリッド | マグ溶接・ミグ溶接 フラックス入りワイヤ | エレクトロガスアーク溶接 | ティグ溶接 | サブマージアーク溶接 | エレクトロスラグ溶接 |
|---|---|---|---|---|---|---|---|---|
| 軟鋼・490MPa級高張力鋼 | SS400 SM400A〜C、SM490A〜C SN400A〜C、SN490A〜C | Z 3211 :2008 | Z 3312 :2009 | Z 3313 :2009 | Z 3319 :1999 | Z 3316 :2017 | ワイヤ Z 3351:2012 フラックス Z 3352:2017 溶接金属 Z 3183:2012 | Z3353 :2013 |
| 570〜780MPa級高張力鋼 | SM570 SPV490 | Z 3211 :2008 | Z 3312 :2009 | Z 3313 :2009 | Z 3319 :1999 | Z 3316 :20117 | ワイヤ Z 3351:2012 フラックス Z 3352:2017 溶接金属 Z 3183:2012 | Z3353 :2013 |
| 耐候性鋼 | SMA400A(〜C)P SMA400A(〜C)W | Z 3214 :2012 | Z 3315 :2012 | Z 3320 :2012 | ＊2 | ＊1 | ワイヤ Z 3351:2012 フラックス Z 3352:2017 溶接金属 Z 3183:2012 | ＊2 |
| 低温用鋼（9%ニッケル鋼は除く） | SLA325A(〜B)、SLA365 STPL380、STPL450 | Z 3211 :2008 | Z 3312 :2009 | Z 3313 :2009 | ＊1 | Z 3316 :2017 | ＊1 | ＊2 |
| 9%ニッケル鋼 | SL9N520、SL9N590 | Z 3225 :1999 | Z 3332 :2007 | Z 3335 :2014 | ＊2 | Z 3332 :2007 | ワイヤ Z 3333:1999 フラックス Z 3333:1999 | ＊2 |
| 低合金耐熱鋼 | SCMV 1〜4 STPA 20, 22, 23, 24 | Z 3223 :2010 | Z 3317 :2011 | Z 3318 :2014 | ＊2 | Z 3317 :2011 | ワイヤ Z 3351:2012 フラックス Z 3352:2017 溶接金属 Z 3183:2012 | ＊2 |
| ステンレス鋼 | SUS304, SUS316 | Z 3221 :2013 | Z 3321 :2013 | Z 3323 :2007 | ＊2 | Z 3321 2013 Z 3323 ＊4 :2007 | ワイヤ Z3321:2013 フラックス Z 3352:2017 溶接金属 Z3324:2010 | ＊2 |
| アルミニウム・アルミニウム合金 | A5083, A6N01 | ＊1〜＊3 | Z 3232 :2009 | ＊3 | ＊3 | Z 3232 :2009 | ＊3 | ＊3 |
| チタン・チタン合金 | TP340C TTH340WC | ＊3 | Z 3331 :2011 | ＊3 | ＊3 | Z 3331 :2011 | ＊3 | ＊3 |

＊1溶接材料あるがJISがない

＊2溶接法の適用実例殆どなく市販されている溶接材料はない

＊3現状では、溶接法の適用困難

＊4フラックス入り溶加棒（裏波溶接用）

分のみが示され，実際には各溶接材料メーカーの銘柄を決める必要がある。特に，軟鋼・490MPa級鋼用では同規格で数多くの銘柄があり，それぞれ特徴がある。そこで各メーカーのカタログなどで用途・特徴・使用上の注意点などを十分確認する必要がある。

# 3．主な溶接法について

代表的な溶接法とその特徴を以下に説明する。

### ①被覆アーク溶接（手溶接）

溶接電源と被覆棒のみの構成で，溶接時に被覆剤（フラックス）が溶融しその分解ガスでアークおよび溶接金属を大気から遮断（シールド）するため，比較的風に強く屋外の現場溶接に適する。一方で，能率が低く自動化が難しいこと，技量を要するため日本ではガスシールドアーク溶接への切り替えが進み，今日では全溶接材料の10％程度を占めるのみである。

### ②ガスシールドアーク溶接法

ソリッドワイヤやフラックス入りワイヤ（以下FCW）を用い，炭酸ガスやアルゴンなどでシールドをする。被覆アーク溶接に比べ高能率で，連続溶接が可能で自動化に適するため，現在では全溶接材料の約8割を占める。一方で風に弱く，防風対策が必須となる。

なお，シールドガスに炭酸ガスや炭酸ガスとアルゴンを混合し用いる溶接をマグ溶接，アルゴンなど不活性ガスを単独で用いる溶接をミグ溶接と呼ぶ。

### ③サブマージアーク溶接法

フラックスを溶接線に散布しワイヤを供給，母材とワイヤ先端の間にアークを発生させて溶接する。大電流・多電極溶接が可能で，非常に高能率な施工法。ただし，溶接姿勢が下向・横向に限定され，また複雑な溶接線に適用できないため，主に造船・鉄骨・橋梁・造管など，溶接線が長い厚板の溶接に適用される。

### ④ティグ（TIG）溶接法

アルゴンなど不活性ガス雰囲気中で，タングステン電極と被溶接物の間にアークを発生させ，母材や溶加材を溶かし溶接する。ビード外観が美麗でスパッタ，ヒューム，スラグがほとんど発生せず，高品質な溶接が可能。反面，能率が低く技量を要する。配管，極薄板，金型や補修溶接などが主な用途である。アルミやチタンなどの溶接も可能である。

### ⑤セルフシールドアーク溶接

シールドガスを使用せず，ワイヤ中のフラックスの分解ガスでシールドし溶接する。交流または直流の溶接電源を用い，アーク電圧制御方式により太径ワイヤ（2.4〜3.2mm）を用いるものと，ワイヤの定速送給制御方式により細径ワイヤ（1.2〜2.0mm）を用いるものとがある。風に強いことから主に屋外での溶接に使用される。

# 4．被覆アーク溶接棒（被覆棒）の種類と使い方

被覆棒は，心線と呼ばれる鉄線に鉱石などの原料粉末と，固着剤として使用される水ガラスを混練し均一に塗布した後，炉で乾燥させ生産する。大別すると，被覆系により低水素系とその他の系統に区分できる。

低水素系以外の系統の被覆棒は，主にでんぷんやセルロースなどの有機物の分解ガスでシールドするが，この分解ガスは溶接部の低温割れの原因となる水素を多く含む。一方，低水素系は，被覆剤に多量に配合される炭酸石灰の分解温度ははるかに高く，高温での乾燥が可能で「拡散性水素量」を更に低減できる。しかし分解温度が高い分，アークスタート直後には十分なシールドガスが発生せず，スタート部近傍にブローホール（ビード表面に開口していない気孔欠陥）が発生する危険性がある。このため，後戻り法（通称バックステップ法）などのスタート方法で欠陥防止対策を行う必要がある。

一方，低温割れの危険性のないオーステナイト系ステンレス用を除き，高強度で溶接部の低温割れの危険性が高い高張力鋼・低合金耐熱鋼・低温用鋼用被覆棒は低水素系である。軟鋼でも，板厚が20mmを超える場合は低水素系を使用することが望ましい。

代表的な種類の特徴は，以下のとおりである。なお，規格記号の「E」はエレクトロードの頭文字，「43」は溶着金属の引張強さの下限値430MPaを表している。

**1）イルミナイト系（JIS Z 3211　E4319）**

　被覆剤に30％のイルミナイト鉱物を含む。日本で開発され広く使われており，アークはやや強く溶込みは深く，全姿勢で良好な作業性を有する。低水素系以外ではX線性能・耐割れ性に最も優れ，溶接作業性重視の［B-10］，X線性能などの性能重視の［B-17］，中間的な［B-14］などがある。

**2）ライムチタニア系（同 E4303）**

　被覆剤に高酸化チタンを約30％，炭酸石灰などの塩基性物質を約20％含み，日本で最も多く使用されている。耐ブローホール性以外はイルミナイト系とほぼ同等の性能で，溶込みはイルミナイト系より浅くスラグはく離性も良好。水平すみ肉溶接でビードの伸びが良い［Z-44］と，立向姿勢の作業性が特に良好な［TB-24］などが代表銘柄である。

**3）高酸化チタン系（同 E4313）**

　被覆剤に酸化チタンを約35％含み，溶接作業性に重点をおいている。溶込みは浅く低スパッタ，美しい光沢のあるビードが得られる。溶接金属の延性・じん性が他系統より劣り，主に薄板溶接に使用される。化粧盛（多層溶接の仕上げ層のみに使用）に適した［B-33］，立向下進溶接の作業性が良好な［RB-26］などがある。

**4）低水素系（同 E4316）**

　高温乾燥で溶接金属中の水素量を低減できるため，厚板や拘束度の大きな部材の溶接に適している。鉄粉添加で高能率の［LB-26］，全姿勢での溶接性に優れJIS評価試験用としても定評のある［LB-47］，裏波溶接用の［LB-52U］，溶接競技会用の長尺棒［LB-47・52U　3.2 φ x 450L］などがある。また，開封後の初回乾燥が省略可能な2kgアルミ包装品［LB-50FT,LB-24,LB-M52,LB-52T］もラインナップされた。

　なお，特殊系ではニーズの高い亜鉛めっき鋼用の[Z-1Z]（E4340）もラインナップされている。

# 5．フラックス入りワイヤの使い方

　ガスシールドアーク溶接は溶着速度が高く連続溶接が可能なため，日本では主要な溶接法となっている。

　ガスシールドアーク溶接用には『ソリッドワイヤ』と『フラックス入りワイヤ』の2種類ある。ソリッドワイヤは全体が金属だけのワイヤで，FCWはフラックスが金属の皮に包み込まれている。被覆棒と同様，フラックスを調整することで特徴の異なるワイヤを作ることができる。

　軟鋼・490MPa級鋼用FCWを大別すると，JIS Z 3313　T49J0T1-1CA-U に分類されるルチール系(またはスラグ系)

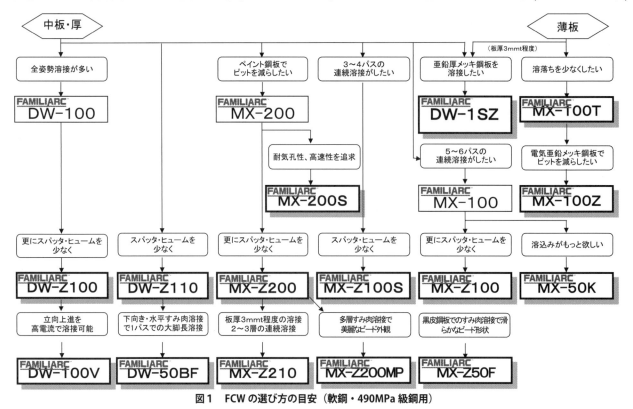

図1　FCWの選び方の目安（軟鋼・490MPa級鋼用）

と T49J0T15-0CA-U に分類されるメタル系の2つがある。ルチール系には，全姿勢溶接が可能な［DW-Z100］，水平すみ肉溶接でビード形状が良好な［DW-Z110］，高電流で立向上進溶接が可能な［DW-100V］，1パスで 10mm 程度の大脚長水平すみ肉溶接が可能な［DW-50BF］などがある。メタル系には，薄板で溶落ちしにくい［MX-100T］，厚板用で高能率かつ深溶込みの［MX-50K］がある。またスラグ系には塗装鋼板（プライマー鋼板）で耐ピット性が良好な［MX-Z200］，更に適用範囲を薄板側に広げた［MX-Z210］，黒皮鋼板向けすみ肉専用でアークが安定，ビードの止端が揃う［MX-Z50F］などもある。

　FCW の選び方を図1に示す。構造物の種類・板厚・溶接姿勢・鋼板の表面状態など使用条件と要求性能から，最適なワイヤを選ぶことが溶接部の健全性，溶接能率・コストの両面から重要である。

# 6．ソリッドワイヤの種類と使い方

　ソリッドワイヤには，表面に銅めっきを施したタイプと銅めっきをせず特殊表面処理を施したタイプがある。

　軟鋼・490MPa 級鋼用ソリッドワイヤは，JIS Z 3312 に規格化されており，シールドガス $CO_2$ ／大電流用 YGW11［MG-50］，$CO_2$ ／小電流用 YGW12［SE-50T，MG-50T］，Ar-$CO_2$（混合ガス）／大電流用 YGW15［MIX-50S，SE-A50S］，Ar-$CO_2$ ／小電流用 YGW16［SE-A50］に区分される。

　建築鉄骨用には大入熱・高パス間温度の溶接に使用可能な 550MPa（550N/$mm^2$）級鋼用 YGW18［MG-56］，またロボット溶接用に［MG-56R］がラインナップされている。

　自動車など薄板溶接のロボット溶接では，極低スパッタ技術としてワイヤ送給制御溶接法の適用が進むなか，チップ摩耗によるアーク不安定化に伴う溶接品質悪化が課題となっている。[MG-1T(F)]（YGW12）は特殊なワイヤ表面処理により耐チップ摩耗性を改善し，ワイヤ送給性やアーク安定性に優れる。低スラグタイプの [MG-1S(F)] もラインナップされている。

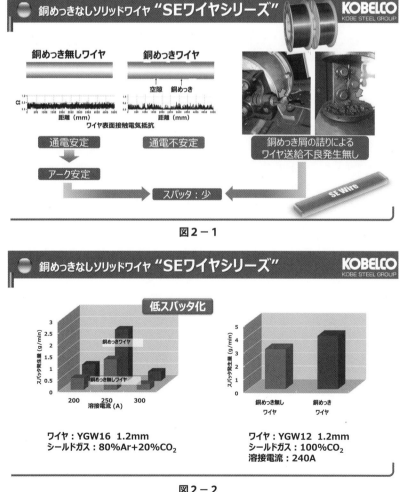

図2－1

図2－2

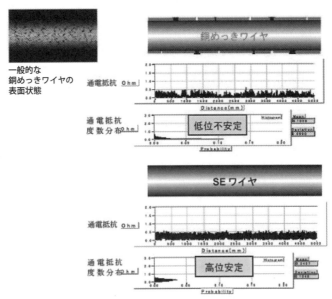

**図3　銅めっきワイヤとSEワイヤの長さ方向断面状態の模式図と表面通電抵抗の測定結果**

# 7．銅めっきなしマグ溶接用ソリッドワイヤの特徴

　ソリッドワイヤには，通電性と送給性を確保のため銅めっきが必須とされていた。「めっきなしワイヤ［SEワイヤ］」は，銅めっきに代わり特殊表面処理を施し，これまでにないアーク安定性とめっき屑トラブル解消を可能にした（**図2-1,2**）。

　銅めっきワイヤは一見均一で緻密な表面状態だが，めっき表面を顕微鏡などで観察すると，**図3**のように鉄の地肌が散見され，銅のめっき層が完全には表面を覆っていないことがわかる。この不連続状態が通電抵抗を変化させ，アーク不安定化に繋がる。また，銅めっきが送給ローラやライナに削られ，めっき屑としてチップや送給経路内に蓄積しチップ融着の原因にも繋がる。

　特に低電流$CO_2$用［SE-50T］（YGW12）や混合ガス用［SE-A50］（YGW16）は低スパッタで，適正条件範囲が広い点などが評価され，自動車などの薄板業界で広く使用されている。
パルスマグ溶接用には，亜鉛めっき鋼板にも使用可能な[SE-A1TS]，高速性・耐アンダカット性・低スラグ性に優れ，ビード形状も良好な[SE-A50FS]，また$CO_2$用で亜鉛めっき鋼板用[SE-1Z]などがある。

# 8．溶接材料の取扱いについての注意点

　溶接材料の性能を発揮させるには取扱いや保管方法が重要である。被覆棒は被覆剤を心線に固着させており，強い衝撃で被覆剤が破損・脱落する。また被覆剤は吸湿するため溶接前の乾燥が重要で，特に低水素系は，その性能を発揮させるために適正温度・適正時間の乾燥が必須となる。ただし必要以上の温度・時間での乾燥は，ガス発生剤が分解し性能を損なうため，乾燥条件の管理も重要となる。銘柄ごとに乾燥条件が異なるのでカタログなどで確認する必要がある。

　ワイヤを巻くスプールは合成樹脂製で，衝撃に弱く投げたり落としたりすると変形し，ワイヤの食い込みやスプール割れにより送給困難となるため，運搬時には注意が必要である。

　溶接材料の保管には，雨や雪・直射日光などを避けられる屋内で保管し，直接床面に置かず木製パレットに積み，かつ壁からも離す。ただし，外装箱がつぶれるような過剰の積み上げは厳禁である。湿気が低く，風通しの良い場所で保管する，潮風など錆の発生しやすい場所は避ける，などに留意が必要である。

# 9．おわりに

　これらは溶接の世界の入口である。溶接材料や溶接施工に関して疑問点などがあれば，（株）神戸製鋼所溶接事業部門の各営業室，あるいは私たちCSグループまでお問い合わせ頂ければ幸甚である。

# アーク溶接機の基礎知識

近藤　わかな
株式会社ダイヘン　溶接・接合事業部

## 1. はじめに

　本稿ではこれから溶接業界に携わる皆様に基礎知識として身に付けていただきたい基本的な溶接法や溶接機器，そして最近のトピックについて紹介する。

## 2. アーク溶接法

### 2.1 アーク溶接とは

　様々なエネルギーを利用して金属を冶金的に接合する溶接は「2個以上の部材の接合部に，熱，圧力，もしくはその両者を加え，さらに必要であれば適当な溶加材(溶接ワイヤなど)も加えて，連続性を持つ一体化された一つの部材とする操作」とされており，その接合形態から融接，圧接，ろう接に分類される。**図1**に溶接法の分類を示す。融接の一種であるアーク溶接法は，溶接される材料である母材と電極間でアークを発生させ，その高温のアーク熱を利用して母材と溶加材を溶融，接合する方法である。アークとは気体の放電現象の一種であり，身近に見られる例としては『電車のパンタグラフと架線の間で発生する青白い光』などが挙げられる。**図2**は，アークの発生の様子を示したもので，図に見られるように適切な電源(直流または交流)に接続した2電極に通電した後，これらを引き離すと両電極間にアークが発生する。アーク溶接法の中でも，シールドガスを用いて溶接部を大気から保護するガスシールドアーク溶接法は，様々な産業分野において広く用いられている溶接法である。

### 2.2 シールドガスの種類と役割

　溶融金属中に大気(空気)が混入すると酸素や窒素を多量に吸収し，気孔(ブローホール，ピット)の発生や，窒素の影響でじん性が低下し材料が脆くなるなど，溶接部の品質に悪影響を及ぼす。したがって，アーク熱により溶融された金属やアークそのものを大気から遮断するために，炭酸ガスやアルゴン，ヘリウムおよびこれらの混合ガスが用いら

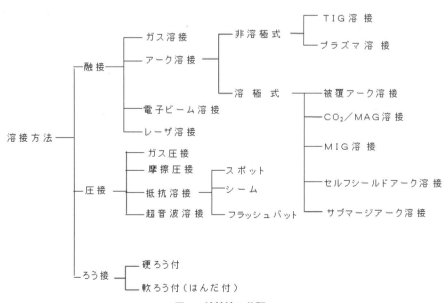

**図1　溶接法の分類**

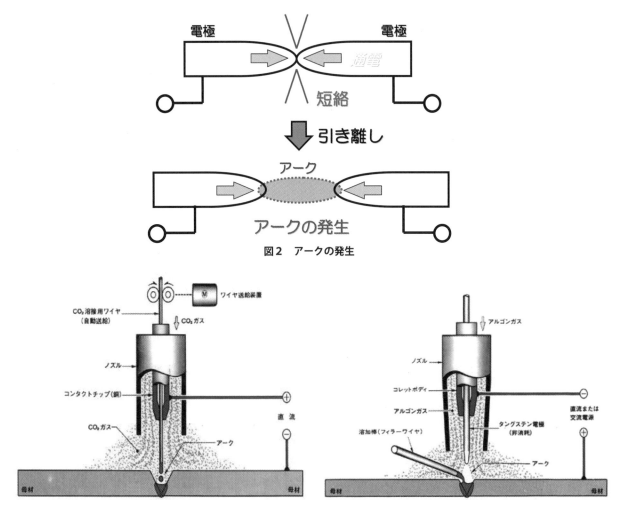

図2　アークの発生

図3　溶極式と非溶極式

れる。これらのガスは溶接材料と溶接法に応じて使い分けされている。シールドガスの流量は溶接法によって異なるが，毎分 10 ～ 30 リットル程度に調整される。溶接を行う場合の注意点として，溶接部近傍の風速が毎秒約 1.2 メートルの風があると気孔が発生する恐れがあるので，特に屋外での溶接には十分な防風対策が必要となる。

### 2．3　アーク溶接法の基本原理

　ガスシールドアーク溶接法は，**図3**に示すように，電極自身が溶加材となって溶融，消耗する「溶極式」と，電極がほとんど消耗しない「非溶極式」に大別される。溶極式には，シールドガスの種類によってマグ溶接法（MAG=Metal Active Gas）とミグ溶接法（MIG=Metal Inert Gas）に分けられる。非溶極式の代表的なものとしては，ティグ溶接法（TIG=Tungsten Inert Gas）がある。

### 2．4　各種アーク溶接法の特徴

#### （1）被覆アーク溶接

　芯線にスラグ生成剤などを含むフラックスを塗布した溶接棒を消耗電極とする溶接法である。一般的には手棒溶接と呼ばれ，比較的簡易な装置で溶接できるため，様々な分野で適用され，特に風の影響を受けやすい屋外での溶接作業で用いられる。

#### （2）マグ溶接法

　マグ溶接法はシールドガスとして炭酸ガスを用いるものと，アルゴンガスと炭酸ガスの混合ガスを用いるものに大別され，国内においては便宜上前者を炭酸ガスアーク溶接法と呼び，後者をマグ溶接法と呼ぶ。ガスの混合比はアルゴン 80％，炭酸ガス 20％のものが多用され，軟鋼，高張力鋼，低合金鋼の溶接などに広く用いられている。マグ溶接法に用いられる溶接ワイヤは，断面同質のソリッドワイヤと，ワイヤ中にフラックスが入ったコアードワイヤに大別される。コアードワイヤはアークの安定性，スパッタ減少，ビード外観改善などの特徴を持つ。

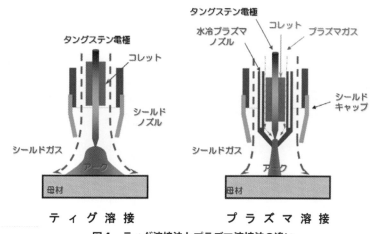

図4　ティグ溶接法とプラズマ溶接法の違い

### (3) ミグ溶接法

　ミグ溶接法は純アルゴン，純ヘリウム（または，これらの混合ガス）のような不活性ガスが主に用いられる。アルミニウムやチタンのように溶接時に酸化，窒化しやすい金属を対象に開発されたもので，その他非鉄金属やステンレス鋼などにも使用されている。ステンレス鋼の場合，純アルゴンや純ヘリウムではアークが不安定になるため，少量の酸素または二酸化炭素のような活性ガスを混合したガスを用いる。

　シールドガスに高純度アルゴンを用いるミグ溶接では，母材表面の酸化膜が除去され，きれいな溶着金属が得られるが，アルゴンが高価であるために，適用される範囲はアルミニウム合金，ステンレス鋼，耐熱合金鋼などが主体になる。

### (4) ティグ溶接法

　ティグ溶接法は，アルゴンガス雰囲気中で融点の高いタングステン電極と母材との間にアークを発生させ，そのアーク熱によって溶加材と母材を溶融して溶接する方法である。ワイヤ自身が電極となってアーク熱で溶融する消耗電極式と異なり，電極からの溶融金属の移行がないので，アークの不安定さやスパッタの発生がほとんどなく，きれいなビード外観を持つ溶接が可能となる。ティグ溶接法は，炭素鋼やステンレス鋼，アルミニウム合金，銅合金，マグネシウム合金など工業的に使用されているほとんどの金属に適用できる。

　溶接施工は，材料同士を溶かして接合するティグなめ付け（共付け）溶接と，溶接トーチと溶加棒（フィラワイヤ）をそれぞれ手に持って行うティグフィラ溶接がある。また，溶加棒を溶接ワイヤに替え自動的に送給する自動ティグフィラ溶接装置や，溶接ロボットとティグ溶接を組み合わせて使用している例などもある。

### (5) プラズマ溶接法

　プラズマ溶接法は原理的にティグ溶接法と同じ非溶極式に属する。ティグ溶接との違いは，タングステン電極のまわりに小径の水冷プラズマノズルがある点である。電極とノズルの間にプラズマガスを流し，プラズマ化したガスが冷却されたノズルを通る際に熱的に拘束されることで絞られる。これによりアークの集中性が高くなるため，ティグ溶接よりビード幅が狭く歪みの少ない高能率で高品質な溶接が可能となる。（**図4**）。

### (6) サブマージアーク溶接法

　サブマージとは潜水艦のサブマリンから由来している言葉で，溶接線上に散布された粒状フラックスの中でアークを発生させる溶接法である。

　特徴は，太径ワイヤに大電流を流すので，手溶接の数倍から十数倍も能率が良いことである。また，深い溶込みが得られ，ビード外観も良いため，造船業等の厚板溶接に用いられることが多い。

# 3.　アーク溶接機

## 3.1　アーク溶接機の基本構成

　一般的な溶接機の基本構成は以下の装置の組み合わせとなる。（**図5**）

### ○溶接電源

　溶接電源には

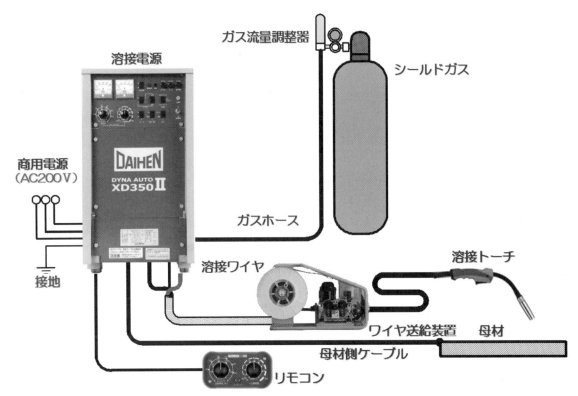

**図5　アーク溶接機の基本構成図**

①商用電源から直流に変換する装置
②溶接開始から終了までの制御を行う制御装置
③ワイヤを送給するためのガバナ装置
など，溶接に必要な装置が組み込まれている。
溶接電源は単相用，単相/三相兼用，三相用に分かれる。

## ○溶接トーチ

半自動溶接では溶接技能者が溶接トーチを握って溶接を行うため，外側が強いアーク熱に耐える絶縁物で危険のないように保護されており，操作性，ワイヤの送給性，シールド性が重要視されている。使用する溶接電流域や使用率によって空冷式と水冷式を使い分ける。最近の溶接トーチはパワーケーブル，ガスホース，トーチスイッチを一体形にしたセントラルコネクション方式のものが普及している。

## ○ワイヤ送給装置

ワイヤ送給装置は
①ワイヤ送給用モータ，送給ロール
②シールドガス開閉用電磁弁
③ワイヤ搭載用リール
などから構成されており，溶接トーチを接続する。送給ロールが2つの2ローラ方式と4つの4ローラ方式に大別され，上下に配置したロールの加圧により生じる摩擦力を利用してワイヤを送給する。4ローラ方式は少ない加圧力でワイヤを押し出すことが可能なため，ワイヤの変形などが起きにくくより安定した送給による高い溶接性を実現する。

## ○ガス流量調整器

ガスボンベの出口に取り付け，溶接に必要なガスの流量を設定する。ガスボンベ内の高い圧力を減圧する"圧力調整器"とガスの流量を読み取るための"流量計"などから構成されている。

## ○パワーケーブル（母材側，送給装置側）

溶接電源とワイヤ送給装置，溶接電源と母材を接続し，溶接のエネルギーを流すためのものである。

## ○リモコン

　溶接電流・電圧を遠隔操作にて変更するための機器である。ワイヤを送給するためのインチングボタンを備えているものが一般的であり，最新機種では機能切替や溶接法切替などが可能なものもある。また，無線タイプのリモコンもあり，省線化による作業性向上に貢献している。

## 3．2　交流アーク溶接機と直流アーク溶接機

　アーク溶接を行うにはアークを発生させる源となる溶接電源が必要であるが，この溶接電源には「交流アーク溶接電源」と「直流アーク溶接電源」がある。アーク溶接法別によく使われる溶接電源を**表1**に示す。

　直流アーク溶接電源は商用電源（200V，50/60Hz）を整流して出力する。

　一方，交流アーク溶接電源のうち，被覆アーク溶接やサブマージアーク溶接で使用されるものはほとんどが商用電源を変圧器にて変圧したものをそのまま出力する。

　このような交流アーク溶接電源はシンプルな構造で溶接機の価格も比較的安価となるが，溶接時に直流アーク溶接電源と比較して大きな電力を必要とする。

　交流アーク溶接電源と直流アーク溶接電源は溶接場所，材料，要求される溶接品質によって使い分ける。それぞれの特徴を**表2**に示す。

## 3．2　サイリスタ溶接機とインバータ溶接機

　$CO_2$/マグ溶接やミグ溶接，ティグ溶接を行う溶接機には主回路（パワー）の制御を行う素子や方法により，「サイリスタ溶接機」と「インバータ溶接機」がある。サイリスタ溶接機とインバータ溶接機の一般的な特徴を比較したものを**表3**に示す。

**表1　主なアーク溶接に使われる溶接電源**

| アーク溶接法 | 交流アーク溶接電源 | 直流アーク溶接電源 |
|---|---|---|
| 被覆アーク溶接 | ○ | ○ |
| CO2／MAG溶接 | | ○ |
| MIG溶接 | | ○ |
| TIG溶接 | ○ | ○ |
| サブマージアーク溶接 | ○ | ○ |

**表2　交流アーク溶接電源と直流アーク溶接電源の比較**

| | 交流アーク溶接電源 | 直流アーク溶接電源 |
|---|---|---|
| 保守性 | 取り扱いやすく、保守が簡便である | 構造が複雑であり、保守が面倒である |
| アークの安定性 | 電流の方向が周期的に変わるので、アークが不安定になりがちである | アークが安定しやすい |
| 極性 | 極性を選ぶことができない | 極性を選ぶことができる |
| 価格 | 安い | やや高い |

**表3　サイリスタ溶接機とインバータ溶接機の比較**

| 溶接機の種類 | サイリスタ溶接機 | インバータ溶接機 |
|---|---|---|
| 大きさ | やや大きい | 小さい |
| スパッタ | やや多い | 少ない |
| アークスタート性 | やや良好 | 良好 |
| アーク安定性 | やや良好 | 良好 |
| 価格 | 安い | やや高い |
| 質量 | 重い | 軽い |

サイリスタ制御電源では，商用交流を変圧器によって降圧した後，サイリスタと呼ばれる半導体素子で整流し直流に変換する。溶接に用いる出力は，サイリスタに導通する時間を制御することによって調整される。制御の速さは商用交流周波数（50/60ヘルツ）に依存する。サイリスタ制御電源は比較的簡単な構造で耐久性にも優れており，造船，建築，橋梁などの業種で中・厚板分野を中心に使用されている。

インバータ制御電源では，商用交流を整流して直流とし，その直流をトランジスタで構成されるインバータ制御回路で高周波交流に変換して変圧器に入力する。降圧された変圧器の出力を再び直流に変換して，溶接電源の出力としている。溶接に用いる出力は，トランジスタに導通する時間を制御することによって調整される。制御の速さはインバータ制御回路の制御周波数に依存し数キロヘルツ～数10キロヘルツとなるため，サイリスタ制御と比較し精密な出力制御が可能となる。この高周波制御によって，応答速度の大幅な向上，変圧器の小型・軽量化，力率の向上および無負荷損失カットによる低入力・省電力化などが長所として挙げられる。また，溶接作業性（アークの安定性，追従性，スパッタ発生の低減，溶接速度の向上など）を大幅に改善することが可能となっているため，高品質アーク溶接機として，半自動業界だけでなく，自動車，自動二輪車や鉄道車両，住宅建材，建設機械など，自動化が比較的進んでいる業種にも広く普及している。

# 4. アーク溶接の溶接施工や溶接条件に関する注意点

良好な溶接を行うためには，適切な条件を設定することが重要となる。適切な条件には様々なものがあるが，大きくまとめると溶接目的，溶接方法，溶接条件の3つに分けられ，これらについて十分に検討する必要がある。

### ①溶接目的

溶接施工の目的に応じた前提条件や制約条件となる因子になる。溶接継手，溶接材料，板厚や溶接姿勢などが挙げられる。

### ②溶接方法

溶接施工の目的が決まると，溶接方法，溶接材料（溶接ワイヤやフィラワイヤなどの溶加材やシールドガスなど）および溶接機器などの選択が必要になる。それらがビード形成に及ぼす影響についてしっかりと把握しておくことが重要となる。

### ③溶接条件

上記の与えられた条件範囲の下で，溶接ビード形状に直接影響を及ぼす因子になる。まずは，基本3要因といわれる溶接電流，アーク電圧（アークの長さ），溶接速度を考える必要がある。良好な溶接を行うには，最適な条件を設定する必要があるが，溶接電源では「溶接電流」と「アーク電圧」を設定する。溶接電流は溶込みの深さやワイヤ溶融量（溶着金属量）を決めるために設定する。アーク電圧はアーク長を調整するもので，ビード断面形状（溶込み深さ，ビード幅，余盛り高さ）を整える因子である。溶接速度とはトーチを溶接線に沿って移動させる運棒速度のことで，溶込み深さや溶着金属量を決める因子である。

この「溶接電流」「アーク電圧」「溶接速度」の3条件は，相互に関連し合って溶接結果を左右する重要な要素になる。適切な溶接条件は，使用するシールドガスやワイヤの種類，ワイヤ径，母材の材質や板厚，溶接姿勢，継手形状などによっても変化するため，それらを十分に考慮した上で条件設定を行うことが重要になる。

# 5. 溶接作業時の安全・衛生面での注意点

溶接作業は高温のアーク熱を手元で取り扱う作業であり，様々な災害が発生しやすく作業者は単に自己の災害だけでなく，周囲への配慮も必要となる。溶接作業で起こりやすい5つの災害と防止策を次に示す。

### ①電撃による災害

電撃とは，電気ショックのことである。一般に，電撃による障害の程度は，体内に流れる電流の大きさによって決まる。汗などで濡れた手で帯電部に触れると危険性が増す。さらに電撃の危険性は，電流値以外に電撃を受ける時間の長さや体内に流れる電流経路によっても変わるといわれている。各種安全装置により電撃による災害は少なくなったものの，十分な注意が必要である。

（主な防止策）

- ケーブル類は絶縁が完全なものを用いる。
- 電気接続部のボルト締めや差し込みを確実にする。
- 溶接機の外箱の接地（ケースアース）を確実に接続する。
- 床などに水がこぼれないようにする。など

### ②アーク光による災害

アーク光は，目に見えない紫外線，赤外線を含んでおり，アーク光を直視した場合は目を痛め，皮膚を露出していた場合は火傷をすることがある。

（主な防止策）

- 正しい遮光保護具を着用する。
- 作業者以外の同一作業場にいる人を保護するため，遮光用の衝立を設置する。
- 皮膚が露出しないように着衣する。など

### ③やけど，火災および爆発

アーク溶接により発生するスパッタの飛散や，不注意でまだ完全に冷え切っていない母材に直接接触するなど，思わぬ火傷をする可能性がある。特に，溶接直後のビードを覗き込むと，スラグが飛散して目に入りやけどや傷を負うことがあるため注意が必要である。

（主な防止策）

- 保護具（革手袋，前掛け，保護面，保護メガネなど）を確実に着用する。
- 周囲に可燃物がないことを確認する。など

### ④ヒュームおよびガスによる災害

溶接作業中に見える煙は，ヒューム（金属微粒子）とガスが混じり合っており，作業者が多量に吸入した場合には，神経障害やじん肺などを引き起こす可能性がある。

（主な防止策）

- 局所排気装置などにより十分な排気・換気を行う。
- 溶接用防塵マスクを使用する。（労働安全衛生規則で着用が義務付け）など

### ⑤高圧ガス容器の取り扱いによる災害

シールドに用いられるガスは，高圧で容器に充填されている。容器や圧力調整器の取扱いが悪いと，ガスの噴出や容器の破裂による災害が起こる可能性がある。

（主な防止策）

- 容器の温度が上がらない場所に設置する。
- 衝撃を与えたり，転倒させたりしない。
- 可燃物のそばに保管しない。
- 容器の口金を損傷しないよう注意する。など

## 6. 溶接電源のデジタル化

デジタル制御技術の進歩を背景に溶接電源のデジタル制御化が本格的に始まり，制御回路の大部分をアナログ制御からデジタル制御へと移行することによって，溶接条件の再現性が大幅に向上されている。

制御方式で分類するとデジタル制御電源はインバータ制御電源に含まれるが，電源の出力やシーケンス制御，ワイヤ送給制御やシールドガス用電磁弁の動作，電源の操作パネル表示などが電源に搭載されたマイコンなどの演算素子によってデジタル処理されている。また，マイコンの高性能化に伴い，アーク溶接プロセスに関わる電流波形制御もデジタル制御化（ソフトウェア化）されている。近年，これら演算素子の処理速度向上は目覚ましく，さらに溶接制御に特化した専用演算素子も開発されるに至っており，溶接電源における制御速度の高速化においてアーク溶接現象の中で最も高速とされている陰極点の挙動も制御できるレベルに達する製品も開発されている（**図6**）。

溶接電源には記憶データベースが搭載され，その一部はユーザが自由に書込み，読出しができるようになっている。また最近では，溶接電流・電圧などの溶接条件設定を補助するガイド機能やAIによる溶接自動調整機能などを持つ溶

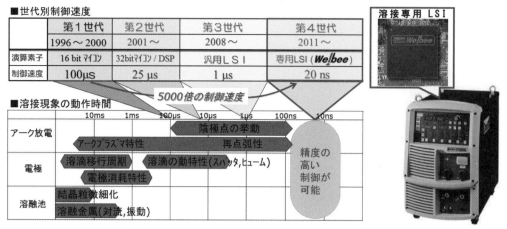

■世代別制御速度

|  | 第1世代 | 第2世代 | 第3世代 | 第4世代 |
|---|---|---|---|---|
|  | 1996〜2000 | 2001〜 | 2008〜 | 2011〜 |
| 演算素子 | 16 bitマイコン | 32bitマイコン / DSP | 汎用LSI | 専用LSI (Welbee) |
| 制御速度 | 100μs | 25 μs | 1 μs | 20 ns |

溶接専用 LSI

*5000倍の制御速度*

■溶接現象の動作時間

|  | 10ms | 1ms | 100μs | 10μs | 1μs | 100ns | 10ns |
|---|---|---|---|---|---|---|---|
| アーク放電 |  |  | 陰極点の挙動 |  |  |  |  |
|  |  | アークプラズマ特性 |  | 再点弧性 |  |  |  |
| 電極 | 溶滴移行周期 |  | 溶滴の動特性(スパッタ,ヒューム) |  |  |  |  |
|  | 電極消耗特性 |  |  |  |  |  |  |
| 溶融池 | 結晶粒微細化 |  |  |  |  |  |  |
|  | 溶融金属(対流,振動) |  |  |  |  |  |  |

精度の高い制御が可能

図6　溶接現象の動作時間と溶接電源の制御速度

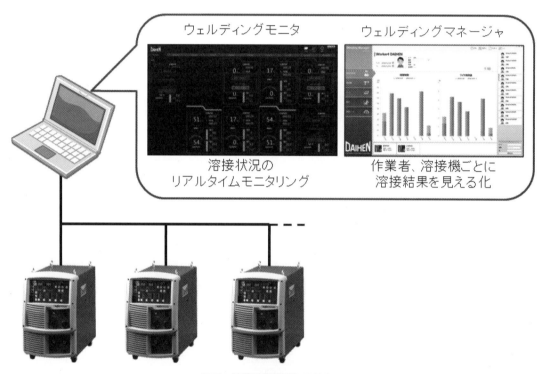

ウェルディングモニタ　　　　ウェルディングマネージャ

溶接状況の　　　　　作業者、溶接機ごとに
リアルタイムモニタリング　　溶接結果を見える化

図7　溶接品質管理システム

接電源も登場している。

　さらに，通信機能を利用して外部の制御装置やIT機器と接続も可能であり，工場内で稼働する複数台の溶接機に対して，溶接作業時の溶接電流・溶接電圧などの溶接データに加え，溶接技能者や溶接ワークなど品質管理上必要となる情報を，1台のパソコンで一括管理できる溶接品質管理システムなども開発されている（**図7**）。

# アーク溶接ロボットの基礎知識

佐藤　公哉

パナソニック スマートファクトリーソリューションズ株式会社

## はじめに

　わが国のロボット産業は，現場の生産効率の向上を主目的に 80 年代から急速な成長を遂げ，特に自動車産業を中心に様々な分野で普及が推進されてきた。その中でも 3K（汚い，危険，きつい）の代名詞と言われる溶接現場の自動化には高いニーズがあり，ロボット産業の拡大に大きく貢献している。

　本稿では主にアーク溶接ロボットの特長や最近の動向を業界や用途によって異なるロボットシステムの実例を交えて解説する。

## 1．溶接ロボットに求められる性能

溶接ロボットに求められる性能としては
●生産性向上
●生産コストの低減
●品質の安定化
●溶接作業者を 3K から解放
●溶接施工履歴の管理

といった項目が挙げられる。

　溶接ロボットが使用される主な溶接法には，アーク溶接やスポット溶接，レーザ溶接がある。アーク溶接は，高熱と有害な紫外線やヒュームが発生する過酷な作業環境で行われ，また，自動車業界で多用されているスポット溶接は重量のあるガンを使用することから産業用ロボットのニーズが最も高い作業の一つである。また，レーザ溶接は有害線であるレーザを扱うことから自動化が強く求められる。

　溶接ロボットの業種別需要は自動車関連が圧倒的に多く，自動車産業が溶接ロボットの発展に大きく貢献してきたと言える。自動車産業で溶接ロボットが多く使われている理由は，ロボットが比較的単純なワークを安定した品質で大量に生産することに適しているからである。反面，ばらつきのある材料や生産数の少ないワークなどに適用するには課題が多く，多品種少量生産のワークへの普及を妨げている。

　しかし，昨今では各種センサやシミュレーションソフト，オフラインプログラミング，さらには VR（仮想現実：Virtual Reality）技術の進歩により，溶接ロボットの不得意としていた精度の悪いワークや一品物のワークに対する適応性が拡大してきている。

## 2．溶接ロボットの構成

　**写真1**に溶接ロボットの一例として，当社アーク溶接専用ロボット TAWERS のシステム構成を紹介する。

　（1）アーク溶接ロボットのマニピュレーターは，一般的に 4kg 可搬から 10kg 可搬のクラスで，6 軸の垂直多関節ロボットが多く使われている。最近は複雑な溶接箇所に対して有効な 7 軸タイプのロボットや 1 つのワークに対して複数台のロボットを使うシステムもある。溶接ロボットにはトーチケーブル非内蔵タイプと内蔵タイプがあり，トーチケーブル非内蔵タイプはトーチのメンテナンス性が良く，トーチケーブル内蔵タイプは形状が複雑なワークの溶接に対してケーブルがワークやジグに干渉しにくいという特長がある。

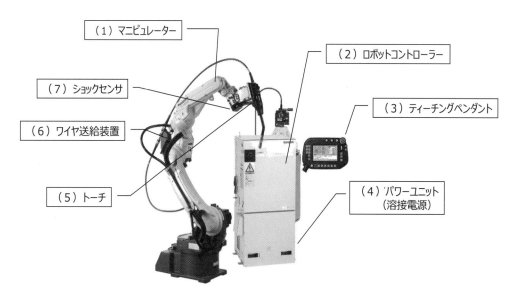

**写真1　アーク溶接ロボットの構成（TAWERS）**

（2）ロボットコントローラーは，ロボットを制御する装置で，動作や作業指令を行うメイン制御部と，モーター駆動を行うサーボ制御部により構成され，外部機器との通信インターフェイスや入出力制御部も内蔵している。一般的にロボットシステムに含まれるあらゆる装置はロボットコントローラーにより制御され，複数のロボットを制御できるコントローラーもある。

（3）ティーチングペンダントはロボット動作のプログラミングを行うためのもので，作業者はティーチングペンダントのキー操作によりマニピュレーターを動かし，動作点を教示してロボット動作を記憶させる。また溶接条件の設定や入出力の命令，プログラムのバックアップやダウンロードなどもティーチングペンダント操作にて行う。

（4）パワーユニット（溶接電源）は，溶接に必要なエネルギーを供給する装置でコントローラーに内蔵されているが，一般的には溶接電源を外付けしたロボットシステムである。

（5）トーチは，パワーユニットからの出力である溶接電流と溶接ワイヤ，シールドガスをトーチケーブル経由で溶接部に供給する。トーチに供給される電流は500Aを超えることもある。大型構造物を対象とした溶接ロボットでは，溶接時間が数十分以上と長時間に及ぶ場合があり，その場合は水冷トーチを使用することが多い。

（6）ワイヤ送給装置は溶接ワイヤを供給する装置である。アルミニウムなどの比較的柔らかい材質の溶接ワイヤを使用する場合は，座屈の発生やワイヤ表面への傷を防止するために送給ローラーの溝形状や駆動方式が工夫されている。

（7）ショックセンサはトーチとマニピュレーターとの間に取り付けられ，トーチがワークなどに接触し負荷がかかるとロボットが停止する。最近はロボットの駆動モーターにかかる負荷の異常を緻密かつ瞬時にソフトで検知しロボットの動作を止める「衝突検出機能」などにより，さらに干渉時のトラブルが少なくなった。

# 3．溶接ロボットの種類

溶接ロボットは溶接法により分類され，構造物の材質や必要な溶接品質によって使い分けられており，次に代表的な溶接ロボットを紹介する。

### 3.1　CO$_2$／マグ／ミグ溶接ロボット

最も一般的に使用されているアーク溶接ロボットが，CO$_2$/マグ/ミグ溶接ロボットである。CO$_2$/マグ溶接ロボットは，主に鉄系材料の溶接で使用されており最も需要の多いロボットである。ミグ溶接ロボットは，主にアルミニウム合金の溶接に使用され，やわらかく座屈しやすいアルミニウムワイヤを安定して送給するため，ワイヤ送給にプッシュプルシステムが多く採用される。

また溶接出力の高低2条件を交互に繰り返し出力するローパルス制御や，マニピュレーターのウィービング動作に同期して溶接条件を変更するウィービング同期制御などを使用して入熱制御を行い，継手のギャップや板厚違いの継手に対して良好な溶接結果が得られるロボットシステムもある。

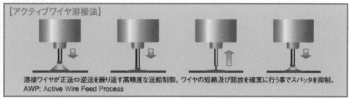

アクティブワイヤ溶接法（AWP溶接法）

ワイヤ送給を高精度制御し、さらなる低スパッタ溶接を実現。

TAWERSで培った波形制御によるスパッタ低減とワイヤ送給制御の融合により、TAWERSのSP-MAG/MTS-CO₂工法と比較しても
スパッタ発生を大幅に低減した『革新的な溶接法』です。

【従来のCO₂/MAG/MIG溶接法】
溶接ワイヤは常に一定速度で送給。
スパッタ低減に限界有り。

【アクティブワイヤ溶接法】
溶接ワイヤが正送⇔逆送を繰り返す高精度な送給制御。ワイヤの短絡及び開放を確実に行う事でスパッタを抑制。
AWP: Active Wire Feed Process

スパッタサイズの微小化！
●スパッタサイズの微小化により、ワークへの付着を低減します。
●製品品質向上とスパッタ除去工数／現場清掃工数削減に貢献

CO₂溶接

【TAWERS CO₂】
【Active TAWERS】

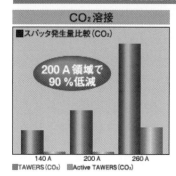

スパッタ発生を大幅低減
CO₂溶接
■スパッタ発生量比較(CO₂)
200 A領域で90％低減

140 A　　200 A　　260 A
■TAWERS (CO₂)　■Active TAWERS (CO₂)

**図1　アクティブワイヤ溶接法の原理と特長**

　一般的に，溶接ワイヤを使用した消耗電極式のアーク溶接ではスパッタが発生しその削減が課題となる。当社の TAWERS に搭載している AWP（Active wire feed process）溶接法は，溶接出力の波形制御とワイヤの正送／逆送の送給制御とを融合させ，従来型の溶接法と比較してもスパッタ発生量を大幅に低減させた溶接法である。鋼の溶接だけでなく，亜鉛メッキ鋼板やアルミニウムの溶接においてもスパッタの低減や溶接品質の向上に役立っている。AWP 溶接法の原理と特長を**図1**に示す。

　TAWERS には，溶接箇所の板厚・継手形状・脚長等を入力するだけで推奨溶接条件が簡単に設定できる「溶接ナビ」を搭載している。脚長・溶接速度の変更に応じて電流／電圧条件を自動計算する機能も有している。今まで時間がかかっていた溶接条件出し時間の大幅な短縮が可能となるほか，溶接技能者不足をサポートするとともに，さらなる高品位溶接を実現できる。

### 3.2　ティグ溶接ロボット

　ティグ溶接は高品質溶接が可能で溶接中のスパッタが発生しないことから，溶接構造物の外観が重要視される溶接箇所で使用される。システムの種類としては，被溶接材料同士を溶かして溶接する共付けティグ溶接システムとフィラー

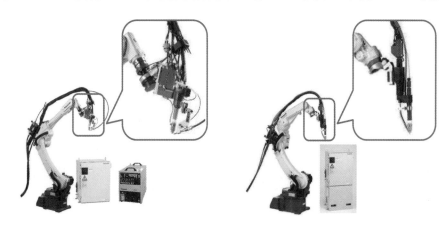

回転TIGフィラー方式　　　　　　　TAWERS-TIG
**写真2　ティグ溶接ロボット**

ワイヤを供給して溶接するティグフィラー溶接システムの2種類がある。ティグフィラー溶接システムには固定ティグフィラー方式とフィラーワイヤの供給方向を変更可能な回転ティグフィラー方式がある。

　**写真2**に回転ティグフィラー方式のティグ溶接ロボット及びフィラーワイヤをタングステン電極に対して鋭角かつ電極近傍に供給することで高溶着のティグ溶接を実現した TAWERS-TIG を示す。

### 3.3　スポット溶接ロボット

　溶接ロボットは，アーク溶接のみならずスポット溶接においても多く使用されている。ロボットが持ったワークを定置式のスポット溶接機へ移動し溶接を行う方式と，ロボットが持ったスポット溶接用のガンを溶接箇所へ移動し溶接を行う方式がある。スポット溶接用のガンには，エアーで加圧するタイプとサーボモーターで加圧力を調整するタイプがあるが，アーク溶接のトーチと比較して質量が大きいことから100kg可搬を超える大型ロボットが使用されることも少なくない。

### 3.4　レーザ溶接ロボット

　レーザ溶接ロボットはレーザヘッドをロボットの手首軸に持たせ，発振器から出力されたレーザ光を光ファイバーでレーザヘッドに誘導して溶接対象ワークへ照射することで溶接を行う。非常に高いパワー密度と非接触の利点を生かし，深溶込みで溶接熱影響が少なく低ひずみの溶接が可能になるほか，高速溶接による効率アップや溶接以外の作業（切断・レーザマーキング・表面改質等）もこなすなど幅広い分野で活躍している。アーク溶接に比べて高速・高品質である反面，設備コストは高価となる。

# 4．溶接ロボットシステムの事例

　生産現場では，溶接対象物の用途や性質などにより溶接品質を最大限重視する場合と生産性を追求する場合とで溶接工程の自動化への適応性が大きく異なる。溶接ロボットシステムは，溶接対象とするワークや溶接法によって様々なタイプがあり，代表的なものについて以下に示す。

### 4.1　自動車部品溶接セル形システム

　まず，自動車部品向けのアーク溶接ロボットシステムを紹介する。自動車の生産は，車種によって異なるが日に1,000台以上生産される車種もあり，その部品点数も多いことから，部品生産には高い生産性と安定した品質が要求される。

　自動車部品は，使用される部位や用途に応じて材料や求められる溶接品質が異なり，一般的に1mm～3mm程度の比較的薄板のプレス材料が使用される。また，1つのワークが数秒から数十秒という短時間で溶接され，生産数が多いためそのタクトタイムの短縮が重要視される。

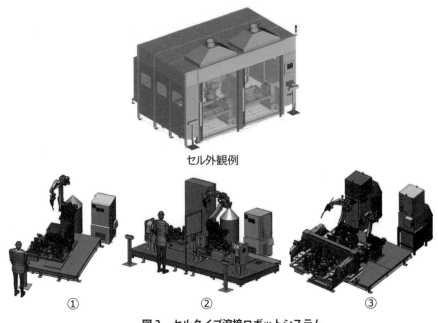

セル外観例

①　　　　②　　　　③

**図2　セルタイプ溶接ロボットシステム**

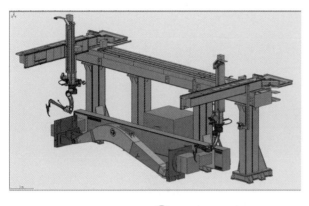 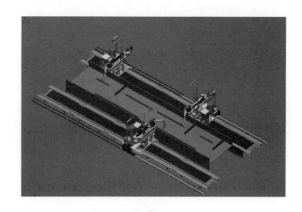

① ②

**図3　大型構造物のアーク溶接ロボットシステム**

　複雑な構造やパイプを使用した部品などは，最適な溶接姿勢で施工が可能となるようにポジショナーを採用し，ワークを回転させながら最適な溶接姿勢で施工を行うシステム構成を採用する。ポジショナーを使用する場合には，ワークとトーチとの相対位置や角度を維持したままポジショナーの回転が可能であるとともに，教示点の補間と補間速度を自動計算する協調ソフトを使用することでティーチング作業の効率化が図れる。

　自動車部品の溶接時には，前述の通り比較的薄い板厚のプレス部品が材料として使用され，溶接品質の安定化と溶接ひずみの抑制を目的として溶接ジグによる拘束が行われる。溶接後に高い製品精度を得るため，ジグには剛性があり確実に固定できる構造が必要となる。反面，溶接に適したトーチ姿勢が確保出来，かつワークの脱着が容易な構造も必要になる。複数の車種に対応した設備では段替え機構を設け，容易に複数の溶接ジグを取り替えて生産が可能な仕組みにしている。

　**図2**は溶接セルの外観の一例と自動車部品を溶接するセルのシステム事例である。①はアーク溶接ロボット1台にジグが1面ある標準的なタイプ，②はアーク溶接ロボット1台にポジショナーで回転可能なジグが2面あり，一方のジグにワークをセットしている間に他方のジグで溶接し効率化を図る。③は2つの溶接ジグを回転テーブルに設置し，省スペースでありながら一方のジグにセットされたワークを2台のアーク溶接ロボットで溶接することでタクトタイムを短縮する例である。

### 4.2　大型構造物のアーク溶接ロボットシステム

　**図3**に大型構造物に採用されるアーク溶接ロボットシステムの例を紹介する。①は大型ポジショナーに設置したワークを天吊り仕様のロボットで溶接する事例である。②ではロボットがシフト装置に搭載され，長尺ワークを溶接している。

　大型構造物を対象とする溶接ロボットシステムの特徴を以下に記す。

　●周辺機器との組合せでシステムが複雑になる。

　●対象とするワーク精度が概して良くないことが多い上に熱ひずみに対する拘束が困難であるため，位置補正を目的としたセンサ類の採用が必要である。

　●多層，複数パス溶接に対応した溶接条件の生成やティーチングを効率的に行うための中厚板向けソフトウェアが必要となる。

# 5. 各種センサ

　特に大型構造物を溶接する際に必要となる位置補正のためのセンサ類を以下に紹介する。

### 5.1　タッチセンサ

　タッチセンサはティーチングプログラムの動作軌跡と実ワークの溶接線とで位置のずれがある場合，溶接開始前にそのずれを補正する機能である。電極であるワイヤに電圧を印加した状態でワークと接触させ，位置検出を行ってずれを補正する。ワーク精度の出しにくい大型構造物では，溶接工程のロボット化で必要不可欠な機能である。**図4**に代表

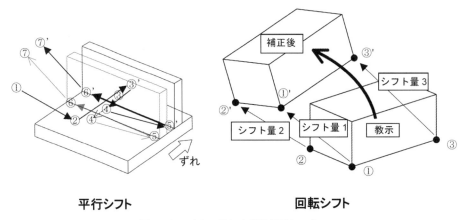

平行シフト　　　　　　　　　　　回転シフト

図4　タッチセンサによる溶接線シフト

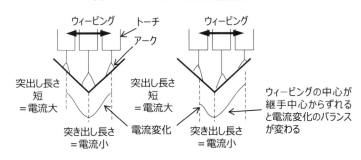

ウィービング動作に同期した溶接電流サンプリングで安定した追従性能を発揮。

図5　アークセンサのアルゴリズム

的な溶接線シフトである平行シフトと回転シフトのイメージを示す。

### 5.2　アークセンサ

　アークセンサは，ティーチングプログラムの動作軌跡と実ワークの溶接線に位置のずれがある場合，溶接開始中にそのずれを補正する機能である。ウィービング動作による溶接電流や溶接電圧の変化を元にロボットの動作軌跡を溶接中にリアルタイムで補正する。溶接中に発生する熱ひずみ等にも対応できるセンサである。タッチセンサとあわせて大型構造物の溶接施工で必要不可欠な機能である。

　**図5**でアークセンサによるセンシングの原理を示す。開先内でウィービング溶接を実施した場合，ウィービングの中央部と両端部とではチップ母材間距離が変わることで電流変化が生じる。ウィービング中心と開先中心がずれている場合，電流変化の仕方が左右で変わるため，この電流変化の信号を基にロボットが動作軌跡の位置を補正しながら溶接する。

### 5.3　大型ロボット活用システム

　**図6**に大型ロボットを活用したロボットシステムの例を示す。

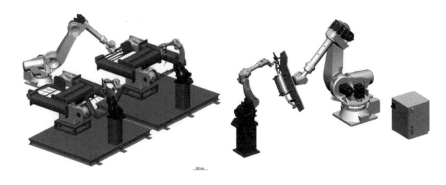

　　　（1）　ワーク移載システム　　　　　　（2）ロボット間協調システム

図6　大型ロボット活用システム

**（1）ワーク移載システム**

大型ロボットがワークを搬送し部品供給を自動化することで，人には重いワークも大型ロボットなら楽に移動でき，少人化に貢献する。

**（2）ロボット間協調システム**

ロボットがワークを保持することでワーク姿勢の自由度が飛躍的に広がり，無理なトーチ姿勢を避けることで溶接品質が安定する。ロボット間協調を用いることで複雑な形状のワークにも対応可能である。

# 6．オフラインプログラミングとシミュレーション

溶接ロボットシステムの検討時には，ポジショナーやシフト装置などの選定に当たってロボットの動作範囲を確認し仕様を決定する必要がある。特に大型構造物や複雑な溶接ジグを必要とする自動車部品などの場合，ロボットとジグやワークなどとの干渉確認を事前に実施し，最適なロボットの機種選定や装置・ジグの設計・配置検討を行う必要がある。この際に3次元シミュレーションソフトは2次元図面では確認困難なキメ細かなロボット適用検討の実施を可能にするツールとして有効である。

当社のパソコン教示シミュレーションソフト DTPS（Desk Top Programming & Simulation system）では，オフライン教示のためのツールとしてパソコン上で対話的にロボット教示を行ない，シミュレーションを実行しながらロボット動作データを作成・検証することもできる。また，このように作成した教示データを実ロボットに転送し使用することも可能である。

# 7．ロボットシステムのトレンド

経験や勘が求められるアーク溶接の匠の技をロボットでいかに実現・伝承するか，現場の働き手を3K作業からいかに開放し，生産の効率化を実現するか，など生産現場の課題は経営に直結した課題となっている。このニーズに応えるために，溶接機・ロボットメーカー各社は IoT（Internet of Things：モノのインターネット）技術や AI（Artificial Intelligence）技術・3次元データ解析技術，VR（仮想現実：Virtual Reality）技術等を駆使した課題解決策を積極的に開発している。

アーク溶接ロボットを用いた溶接の自動化にはティーチング作業が必須である。また，溶接工程の後工程には溶接ビードの外観検査工程が存在する場合が多く目視検査が主流である。一方，生産性向上や効率化，生産結果の履歴管理のための IoT 技術の普及も進みつつある。これら溶接の前後作業に対する課題解決策及び機器情報の収集，蓄積分析が可能な当社のソリューションソフトウェアを以下に紹介する。

## 7.1 VRPS

アーク溶接をロボットで行うために必要なティーチングには，ロボットの操作のみならずトーチ角度や溶接ワイヤの狙い位置，溶接条件の設定といった専門性の高い技術が要求される。このティーチング作業に VR 技術を活用した当社の簡易ロボットティーチングシステム Virtual Robot Programming System（VRPS）を開発した。VRPS では溶接トーチを模したトーチモデルを動かすことでトーチの位置，姿勢をセンサで取込み，パソコン内の仮想的なロボットが最適なアーク溶接ロボットの姿勢を計算する。VRPS を活用することで，実際のロボットを操作することなく，簡単にティーチング作業を行うことができる。また，トーチの姿勢も再現することができるため，熟練工の溶接のノ

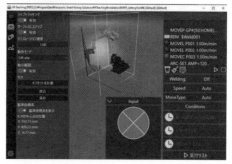

**図7　VRPS によるティーチングイメージ**

ウハウをティーチングに反映することも容易である。**図7**に VRPS によるティーチングイメージを示す。

## 7.2 BeadEye

生産量の多い溶接工程では1日に何万点もの溶接ビードを目視検査することになり，検査担当の作業者の負担は非常に大きい。また目視検査のため，検査判定結果が人によりばらつく，検査結果の数値化ができないなど，品質トレーサ

ビリティの確保が難しいといった課題もある。

　当社ではこの課題に対して溶接後の外観検査をAI技術・3次元データ解析技術を用いて自動化・省人化する溶接外観検査ソリューション Bead Eye（ビードアイ）を商品化した。今回開発した Bead Eye では AI 検査と良品比較検査という2つの検査ロジックを保有している。

　1つ目の検査ロジックであるAI検査では，溶接ビードの3次元データを当社があらかじめ学習させたAIエンジンにて検査をかけると，**図8**のように溶接ビード上の様々な溶接欠陥の要因と欠陥個所を特定することができる。本ソリューションでは当社がこれまで蓄積した豊富な溶接実績やノウハウを基にあらかじめ学習させたAIエンジンを標準搭載している。これにより導入後，新たにデータを学習させることなくすぐにAIエンジンを用いた外観検査を使用できる点が大きな特長である。

　もう1つの検査ロジックである良品比較検査では，**図9**に示す通り，あらかじめ良品の溶接ビードを登録しておき，良品の溶接ビードとの差異を比較することで判定を実施する。本検査では，良品の溶接ビードを登録して差異を検査するという方式をとることで簡単な設定で，溶接外観検査を実現することができる。

　この2つの検査ロジックを組み合わせることで様々な溶接欠陥に対応することを可能としている。

　また，PCに保存した外観検査結果を蓄積・解析することで，溶接欠陥の多い箇所は溶接条件を適切な値に見直すことにつなげることが可能である。

　溶接後の検査工程を「人」による目視検査から自動化・省人化することで作業者の作業負荷につながり，検査基準の統一，検査結果のデジタル化によりトレーサビリティの確保など溶接現場のさらなる生産性向上，溶接品質向上が可能となる。

### 7.3　iWNB

　溶接現場でのさらなる生産性向上と効率化を実現していくためには機器の稼働データを収集，蓄積，分析して改善活動に活用することが重要である。当社のTAWERSにもアーク溶接ロボット単体の機能として，稼働情報のモニタリングや履歴の保存や出力，溶接条件の逸脱判定等の機能を有している。溶接現場の課題により一層のお役立ちをするために，複数あるアーク溶接ロボットの情報を収集，蓄積，分析することで「生産性向上」「品質向上」「トレーサビリティ

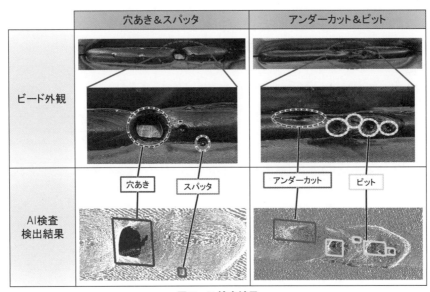

**図8　AI検査結果**

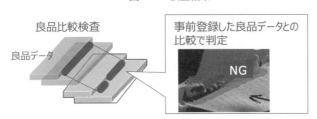

**図9　良品比較検査**

| No. | カテゴリ | 項目 | 内容 |
|---|---|---|---|
| 1 | 経営指標 | KPI | 重要業績評価指標（KPI）を確認することができます。 |
| 2 | | OEE | 総合設備効率（OEE）を確認することができます。 |
| 3 | 稼働情報 | 稼働状況 | 現在の稼働状況を確認することができます。 |
| 4 | | 稼働実績 | 過去の稼働実績を確認することができます。 |
| 5 | 生産情報 | 生産状況 | 本日の生産状況の確認ができます。 |
| 6 | | 生産実績 | 過去の生産状況の確認ができます。 |
| 7 | | 平均サイクルタイム | ワーク毎のサイクルタイムの確認ができます。 |
| 8 | | コスト実績 | ワーク毎の電気代、ワイヤ代、ガス代のコスト実績の確認ができます。 |
| 9 | | 生産計画 | 生産の計画を入力することができます。 |
| 10 | トレーサビリティ | 溶接結果一覧 | プログラムの一覧、溶接エラー、溶接検査結果、溶接線情報が確認できます。 |
| 11 | エラー履歴 | エラー一覧 | 発生したエラーの一覧が確認できます。 |
| 12 | | チョコ停ランキング | チョコ停が発生した回数が多い順にランキング表示をします。 |
| 13 | | ドカ停ランキング | ドカ停が発生した際の停止時間が長い順にランキングを表示します。 |
| 14 | | トラブルシューティング一覧 | エラー/アラームのトラブルシューティングの一覧が確認できます。 |
| 15 | メンテナンス | 負荷率 | ロボット6軸モータ負荷率の確認ができます。通知設定などを行うことができます。 |
| 16 | | 送給モーター電流 | 送給モーター電流が確認できます。通知設定などを行うことができます。 |
| 17 | | チップ交換時期 | 出力電流の低下度合からチップの摩耗を推測することができます。 |
| 18 | | メンテナンス履歴一覧 | 設備のメンテナンス履歴の一覧が確認できます。 |
| 19 | システム設定 | ユーザー一覧 | ユーザー情報の検索が行えます。また、ユーザーの新規登録、編集が行えます。 |
| 20 | | 設備一覧 | 設備の新規登録、編集が行えます。また、場所（建屋、ライン、セル）の設定を行うことができます。 |
| 21 | | ワーク一覧 | ワークの新規登録、編集が行えます。 |
| 22 | | コスト係数設定 | 電気代、ワイヤ代、ガス代のコスト係数の設定が行えます。 |
| 23 | | 建屋レイアウト設定 | 建屋、ライン、セル内の生産状況、稼働状況のアイコンの位置を設定することができます。 |
| 24 | | システム管理 | iWNB パソコンのシャットダウンおよび再起動、iWNB ライセンスの更新、iWNB ソフトウェアのバージョンアップ、メールサーバー、ログ機能などの各種設定を行うことができます。 |

・チョコ停とは停止時間は短いが、何度も繰り返し発生している停止のこと（右記の式を満たした場合、チョコ停と判定されます。式：復旧日時- 発生日時≦ 10 分）
・ドカ停とは停止時間が長い停止のこと（右記の式を満たした場合、ドカ停と判定されます。式：復旧日時- 発生日時≧ 30 分）

図10　iWNB の機能一覧

強化」を実現するため，当社ではソリューションソフトウェア「統合溶接管理システム iWNB（integrated Welding Network Box)」を開発した。

iWNBは**図10**に示す通り7カテゴリ24機能を搭載している。これらはアーク溶接ロボットから収集した情報を収集・蓄積・分析することで，生産性向上・品質向上・トレーサビリティ強化・メンテナンス性向上の価値提供を目的としたソリューションである。

また，周辺機器と連携した機能としてネットワークカメラとの連携機能を開発した。生産の遅延は，溶接ロボットのみの要因ではなく，人による作業に起因する場合もある。人の作業も含めた状況を映像で把握したいという市場要望にお応えするため，iWNB とネットワークカメラの連携ソリューションでは，生産の遅延時を選択して人による作業動画を確認することで生産の遅延要因を効率的に分析することが可能になり，改善へつなげる情報として活用できる。
さらに，前述した Bead Eye の外観検査結果と溶込み等を左右する iWNB の溶接出力情報を紐づけることでトレーサビリティ情報として有効活用できる。

iWNB は溶接現場のご要望に応じて今後も継続して機能追加をしていく予定である。

# おわりに

本章では溶接ロボットの種類や特徴，最新のトレンドについてご理解いただけたと思う。皆様にとって今後の販売活動の参考になれば幸いである。

近年，溶接ロボットの市場は特に海外で拡大している。これは，自動車・2 輪車をはじめとした産業が海外で拡大・発展している影響を大きく受けている。国内の溶接ロボットは技術進歩により進化しているものの，海外では地場メーカーによる開発・生産も始まっており，その性能も急速に向上している。当社は溶接ロボットメーカーとして，TAWERS で培ったデジタル技術をさらに進化させ，新工法の提案を通じて溶接業界の発展に取組み続けるとともに，溶接前後工程や溶接工程の見える化の IoT ソリューション展開を通じてお客様の生産性向上，溶接品質の向上にさらなるお役立ちができるよう今後とも貢献していきたい。

# 抵抗溶接の基礎知識

岩本 善昭

電元社トーア株式会社　開発部

## 1. はじめに

　抵抗溶接は 1897 年，後にボストンのマサチューセッツ工科大学の研究所長となったトムソン博士が発明して以来，今日では自動車・鉄道車両・家電製品などの製造に多数使用されている。

抵抗溶接の原理は被溶接物の接合部分に短時間・大電流を流すことにより，金属自身が持っている抵抗を利用して接合部分を発熱させ接合するものである。このジュール熱を利用した身近なものとしてはドライヤーやホットプレート，トースターなどがあり，発熱の原理としては抵抗溶接と同一である。

今回はこの抵抗溶接の基礎知識を近年の動向を交えて紹介する。

## 2. 抵抗溶接の分類

　抵抗溶接は**図1**に示すように，大きくは重ね抵抗溶接と突合せ抵抗溶接に分類され，さらに重ね抵抗溶接はスポット溶接・プロジェクション溶接・シーム溶接に，突合せ抵抗溶接はバット溶接・フラッシュ溶接に分類される。

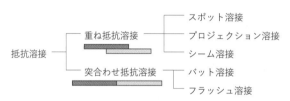

**図1　抵抗溶接の分類**

**表1　溶接ナットの種類（JIS B1196 より）**

| 種類 | | 摘要 | | |
|---|---|---|---|---|
| 形状 | 形式 | 溶接方法の別 | パイロットの有無 | 張出しの有無 |
| 六角溶接ナット | 1A形 | プロジェクション溶接 | あり | ― |
| | 1B形 | | なし | ― |
| | 1F形 | | | |
| 四角溶接ナット | 1C形 | プロジェクション溶接 | ― | なし |
| | 1D形 | | ― | あり |
| T形溶接ナット | 1A形 | プロジェクション溶接 | あり | ― |
| | 1B形 | | なし | ― |
| | 2A形 | スポット溶接 | あり | ― |
| | 2B形 | | なし | ― |

注記1 形式中の1及び2は，プロジェクション溶接及びスポット溶接の別を，
　　　A及びBはパイロットの有無を，C及びDは溶接部の張出しの有無を示す。
注記2 1F形は，1B形で上面・下面の逃げがないものであり，
　　　強度区分5T用のナット高さは四角溶接ナットに準じている。

**図3　溶接電源の種類**

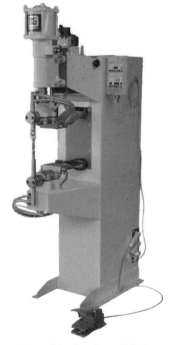

**図2　定置式スポット溶接機**

これらの抵抗溶接のなかでもスポット溶接は自動車の車体製造ラインなどで多数使用されているため，産業用ロボットに搭載されたサーボスポットガンが散りを飛ばしながら車体を溶接している映像をニュースなどでも見かけたことがあるだろう。

プロジェクション溶接に関しては多種多様な被溶接物が存在するが，特に多く使用されているのが溶接ナットのプロジェクション溶接である。溶接ナットについては多種多様な物が使用されているが，例として**表1**にJIS B1196に示されるナットの種類を示す。溶接ナットのように小径の被溶接物の場合は，一般的には**図2**に示すようなスポット溶接機として市販されている溶接機の電極を，ナット溶接用の電極に交換することでプロジェクション溶接をすることが可能になる。被溶接物がそれよりも大きく精度が必要なものについてはプロジェクション溶接機を使用するが，厚板のスポット溶接にプロジェクション溶接機として市販されている溶接機を使用する場合もあり，スポット溶接機とプロジェクション溶接機の境界はあいまいである。

次に**図3**に示すように溶接電源の種類で分類すると，大きくは交流式と直流式に分類される。これらの内でスポット溶接に特に多く使用されるのは自動車の車体製造ラインに使用される直流インバータ式である。従来は単相交流式が多く使用されていたが，直流インバータ式にすることで溶接トランスが小型軽量化されることにより，サーボスポットガンが軽量化できるためである。この軽量化によりサイクルタイムの短縮につながっている。

ナット溶接やボルト溶接には単相交流式が多く使用されるが，近年は鋼板の高張力化により単相交流式では溶接が困難な場合があり，直流インバータ式やコンデンサ式を使用することが増えている。

自動車の駆動系や足回り部品の溶接には直流式が多く採用される。特に大きなプロジェクションを持った部品を溶接する場合にはコンデンサ式が採用される場合が多いが，コンデンサ式で適切な溶接条件が見出せない場合にはインバータ式コンデンサが使用される。インバータ式コンデンサでは，コンデンサ式の溶接電流の立ち上がりの良さと，インバータ式の溶接電流と通電時間を直接設定できることの双方のメリットが得られる。

# 3. スポット溶接

一般的に自動車のボディはプレスされた部品をスポット溶接して組み立てられている。このようなスポット溶接をする際に重要になるのが加圧力・溶接電流・通電時間・電極形状の四大溶接条件である。

まず加圧力については**図4**に示す通り二枚または複数枚の鋼板を，クロム銅などの銅合金でできた一対の電極により，所定の力で挟み込む。その際の挟み込む力が加圧力と呼ばれる条件である。

加圧力を発生させるアクチュエータとしては，ロボットに搭載して使用する場合にはサーボモータ，定置で使用する場合にはエアシリンダが使用されることが一般的である。サーボモータの場合にはモータに流す電流値を変化させ加圧力を調整し，エアシリンダの場合には減圧弁などにより空気圧を変化させ加圧力を調整する。

溶接電流については単相交流式とインバータ式で調整の方法が異なる。単相交流式の場合にはサイリスタを使用した位相制御となり，点弧角を変化させ溶接電流を調節し，インバータ式の場合にはIGBTを使用したPWM(パルス幅変調)制御となり，パルス幅を変化させ溶接電流を調節する。

通電時間については先に述べたサイリスタやIGBTにより，溶接電流を流す時間を調節する。

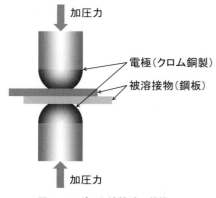

**図4 スポット溶接時の状態**

| 形式 | 呼称 | 形状 |
|------|------|------|
| F形 | 平面形 | |
| R形 | ラジアス形 | |
| D形 | ドーム形 | |
| DR形 | ドームラジアス形 | |
| CF形 | 円すい台形 | |
| CR形 | 円すい台ラジアス形 | |
| EF形 | 偏心形 | |
| ER形 | 偏心ラジアス形 | |
| P形 | ポイント形 | |
| PD形 | ポイントドーム形 | |
| PR形 | ポイントドームラジアス形 | |

**表2 電極先端の形状(JIS C9304 より)**

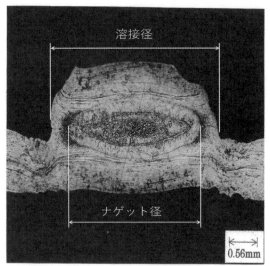

**図5 ナゲット径と溶接径**

　最後の電極形状については**表2**の様に JIS C9304 に様々な形状が規定されているが，自動車の製造現場では DR 形（ドームラジアス形）が多く使用されている。この電極形状の中でも重要になるのは電極の先端径である。先端径が変化してしまうと上下電極で挟んだ鋼板の電流密度が変化してしまうことになり，溶接品質に影響を及ぼす。そのため，通常は一定の打点数ごとにチップドレスまたはチップ成型することで先端径を一定に保ち溶接品質を安定させている。

　以上の条件以外にも，実際の溶接現場では溶接する鋼板と電極の直角度や鋼板同士の板隙，ロボットのティーチング位置とジグによる鋼板のクランプ位置のずれによる加圧力のアンバランス，冷却水量や冷却水温などの外乱による溶接品質のばらつきが発生することがあり注意が必要である。

　しかし，これらの条件は溶接機側の設定およびロボットのティーチングなどの設備側である程度管理することができ，作業者のスキルに依存する要因がほとんどないため，アーク溶接など他の接合方法に比べ溶接品質を安定させることが容易な接合方法であるといえる。

　溶接品質の基準として JIS Z3139 の断面マクロ試験によりナゲット（溶接部に生じる溶融凝固した部分）径を規定する場合や JIS Z3136 や JIS Z3137 の引張試験により引張強さを規定することが多い。しかし，実際の溶接現場ではそれらの試験を行うことが困難なため，JIS Z3144 に規定された，たがね試験・ピール試験・ねじり試験による溶接径で評価することもある。ナゲット径と溶接径の違いを**図5**に示す。

　最近の傾向として高張力鋼板が多用されるようになったことで，従来に比べて溶接条件がシビアになっており，高加圧力化や多段通電（通電中に溶接電流値を変化させたり複数回溶接電流を流したりする），可変加圧（溶接中に加圧力を変化させる），インバータ化することによる溶接電流の微調整などにより対応することが増えている。

　また，板隙や分流があった場合に，溶接電流や通電時間を変化させることで溶接品質を向上させるアダプティブタイマなども販売されている。

　これまで，鋼板のスポット溶接について述べたが，近年は自動車のボディにアルミニウム合金を使用する場合が散見されるようになってきた。

　アルミニウム合金同士のスポット溶接については，鋼板に比べて抵抗が低く熱伝導率が高いため，より大電流を短時間で流す必要がある。また，ナゲット内にブローホールができやすいため，通電の後半で加圧力を増す多段加圧をする場合もある。

　このように鋼板のスポット溶接とは溶接機に求められる仕様が異なるため，現在はアルミニウム合金のスポット溶接に特化した溶接機も販売されているので，仕様に合わせた機器選定が求められる。

# 4. ナット溶接

　自動車のボディ組立にはスポット溶接が多用される一方で，内装品の組み付けなどにはボルト・ナットによる締結が多用される。その際，通常のボルト・ナットで内装品を組み付けるには，ボルト側とナット側両面から締結部にアプロー

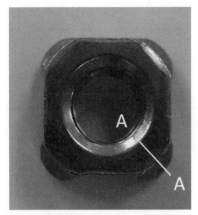

図6　四角溶接ナットの例 (JIS B1196)

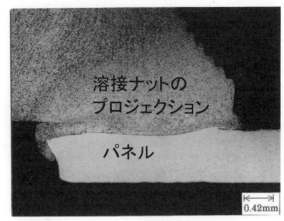

図7　溶接後のプロジェクション部断面写真 ( 図6のA-A断面を示す )

チできる構造にする必要がある。そのため，通常は予めボルトまたはナットをボディにプロジェクション溶接している。これにより閉断面の内部にナットがある場合などでも問題なく外側から内装品を組み付けることが可能になる。

　ここでは，特に多く使用されるナット溶接について説明する。

　ナット溶接はプロジェクション溶接に分類され，鋼板にプロジェクション ( 突起 ) のあるナットを抵抗溶接する接合方法である。最も使用されている溶接ナットの一つである四角溶接ナットの例を図6に示す。

　このようなナットの場合，溶接とは言うものの，図7に示すように多くの場合は溶融接合ではなく圧接となる。

　プロジェクション溶接とは，被溶接物に小さなプロジェクションを設け，そのプロジェクションに加圧力や溶接電流を集中させることで接合する方法である。スポット溶接の際には電極先端径で電流密度が変化することを説明したが，プロジェクション溶接の場合はプロジェクションの寸法形状により，電流密度が変化することになるため，プロジェクションの寸法形状が重要になる。

　他の重要な条件としては上下電極の平行度があるが，品質を安定させるためには溶接時の加圧力で加圧した際に，上下電極が平行になるように調整する必要がある。

　溶接電流については，電流値だけでなく溶接電流の立ち上がりにより，溶接後の接合強度に大きな影響を及ぼす。これはプロジェクション溶接全般で言えることであるが，通電開始後 1 〜 2cycle でプロジェクションが軟化するため，溶接電流の立ち上がりが悪い場合には十分な発熱がないうちに，加圧力によりプロジェクションが潰れてしまい接触面積が急激に広がる。そのため接合部分の電流密度が低くなり，結果として接合強度が低くなる。

　最近では単相交流式の場合は通電初期の出力を指定することで溶接電流の立ち上がりを良くし，ナット溶接時の接合強度を上げる取り組みや，インバータ電源を使用して短時間・大電流で接合強度を上げる取り組みなどが見られる。

　また，ナット溶接の場合には鋼板に開いている穴とナット位置がずれてしまってはボルトが通らなくなってしまう。そこで，通常は下部電極にガイドピンと呼ばれる絶縁された位置決めピンにより，鋼板とナットの位置決めを行う。このガイドピンの径が適正でない場合にはナットの位置ずれが発生する場合がある。

　自動車業界では溶接ナットの供給にナットフィーダが使用されることが多い。ナットフィーダには数千個前後のナットを投入することが可能で，ナットを自動で整列・選別し，フィードユニットで一つずつ電極に供給する。定置式スポット溶接機とセットで使用することにより，わずか数秒でナットを溶接することができる。

　ナット溶接時の品質管理面では，ナット供給状態の確認 ( ナットの有無，姿勢の確認や異種ナットの検出など ) や溶け込み量 ( 溶接前後の高さの差 ) を検出するためのセンサを組み込んだスポット溶接機や後付可能な制御装置が販売されている。

　鋼板にナットを接合する方法としては他にナットを圧入する方法やアーク溶接する方法などがあるが，短時間で高い強度の接合が可能であり，作業者のスキルによる品質のばらつきがないプロジェクション溶接が多く採用されている。

# 5. 溶接機の IoT 化

　近年の IoT 化の波は抵抗溶接機にも押し寄せており，抵抗溶接機も工場のネットワークに接続されるようになってき

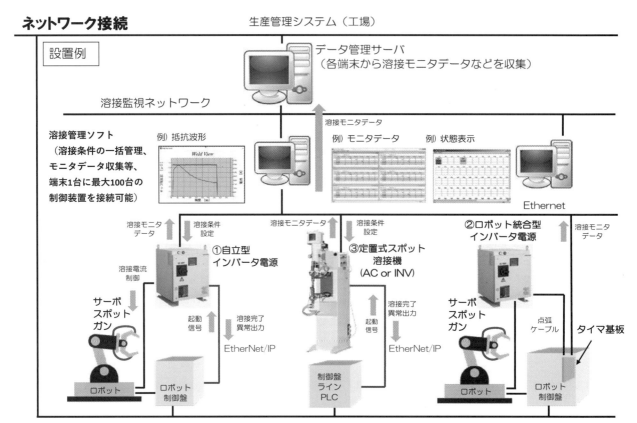

**ネットワーク接続**

図8　抵抗溶接機の IoT 化

ている。

**図8**に示すように，ロボットに搭載するサーボスポットガンの制御装置である①自立型インバータ電源は，サーボスポットガンに流す溶接電流を制御するだけでなく，ロボットの制御盤とは EtherNet/IP で接続され，溶接の起動や溶接完了，異常出力などの通信をしている。更に工場の端末とは Ethernet で接続されている。その Ethernet を通じて工場の端末から溶接機への溶接条件の書き込みや溶接機からの溶接条件のバックアップ，端末による溶接モニタデータの収集が可能となっている。

また，ロボットの制御盤内にタイマ基板を設置する②ロボット統合型インバータ電源や，溶接ナットや溶接ボルトを溶接している③定置式スポット溶接機においても同様の通信が可能となっている。

これにより，端末から異なるアプリケーションの抵抗溶接機の稼働状況をリアルタイムに一括して把握することができ，更にモニタデータをデータ管理サーバに送信し蓄積することで，トレーサビリティの向上が図れる。

従来は溶接マスタ(職人)の感覚による品質管理が一般的であったが，蓄積された溶接モニタデータを数量的にとらえて統計的な分析ができ，工場や材料の特性や傾向も併せて観察することで，最適な品質の見える化ができるため，担当者のスキルによらない品質向上が目指せるシステムになっている。

最近では従来の溶接モニタデータだけでなく，各打点溶接時の溶接電流や電圧波形，加圧力値も同時に収集が可能になり，蓄積された溶接モニタデータと合わせた品質保証システムについても開発が活発化している。

# 6. おわりに

近年では自動車のボディに鋼板だけでなくアルミ合金や CFRP が使用されるケースが増えている。アルミ合金の場合は抵抗溶接が可能であるが，摩擦攪拌接合やリベット，アーク溶接が採用される場合もある。また，一般的に CFRP の接合に抵抗溶接は採用されていないが，金属板と CFRTP(マトリクスが熱可塑性樹脂)の接合であれば抵抗溶接技術を応用した樹脂金属接合も可能となってきている。

抵抗溶接は他の接合方法に比べて短時間で接合でき，作業者のスキルによらないことからボディ以外の部分での採用も増えており，今後も自動車産業にとっては重要な接合方法であることに変わりはない。

# 高圧ガスの基礎知識

石井 正信

岩谷産業株式会社 機械本部 ウェルディング部

## 1. はじめに

昨年からの未曽有の感染症により人々の生活様式が変化し，我々溶材商社へも様々な変化をもたらしている。 高圧ガスは機能上，正しい取扱い知識が必須であるが，昨今では対面での講習会や相互喚起よって得ていた安全知識は今まで通りには行かなくなっている。

医療から大量消費される産業用まで多岐にわたるガス消費ユーザーへ，安全に使用して頂くには我々「溶材商社マン」が高圧ガスの正しい知識を持ち合わせることが必須であると考えている。厳しい環境下で知識習得がままならない時代ではあるが，本稿がスキルアップの一助になることを切に願うものである。

## 2. 溶接用シールドガスの基礎

アジア圏で最もメジャーな溶接方法として「炭酸ガス溶接法」がある。

造船や橋梁，建設機械等の大型構造物の接合方法として普及し日本国内で使用される全炭酸ガス量の半分が溶接用途で消費されている。一方，自動車産業を中心とした軟鋼薄板溶接では「80％アルゴン＋20％炭酸」の混合ガスを使用した「マグ溶接」が使用されている。ステンレスやアルミ等の非鉄金属ではアルゴンガスを使用した「ティグ溶接法」も多く用いられる。また，ステンレスのミグ溶接では「2％酸素＋98％アルゴンガス」が一般的なシールドガスとして認知されているがステンレス材の多品種化によりアルゴン＋炭酸ガスも使用されるようになった。

次に，シールドガスに使用される主なガスについて説明する（**表1**参照）。

**表1 シールドガスに使用されるガス種と物理的性質**

| ガス物性表 | Ar | CO2 | O2 | He | H2 |
|---|---|---|---|---|---|
| 比重（空気＝1） | 1.38 ○ | 1.53 ○ | 1.11 ○ | 0.14 △ | 0.07 △ |
| イオン化ポテンシャル（eV） | 15.7 ○ | 14.4 ○ | 13.2 ○ | 24.5 ◎ | 13.5 ○ |
| 熱伝導率（mW／m K） | 21.1 ○ | 22.2 △ | 30.4 ○ | 166.3 ◎ | 214.0 ◎ |
| 活性 | 不活性 ◎ | 活性 ○ | 活性 △ | 不活性 ◎ | 活性 △ |
| 燃焼性 | 不燃性 ◎ | 不燃性 ○ | 支燃性 △ | 不燃性 ◎ | 可燃性 × |

次に溶接に使用される各種ガスの概要について説明する。

### ●炭酸ガス

無色・無臭，不燃性のガスで，大気中に約0.03％程度しか存在しない。空気の約1.5倍の重量があり，乾燥した状態では殆ど反応しない安定したガスで，化学プラントや製鉄所の副生ガスを原料として製造されている。

通常，溶接等の工業用ガスとして，ボンベに充填され液化炭酸ガスの状態で搬送されるが，液化炭酸ガス1kgあたりで0.5㎥程度の炭酸ガスとして気化する。工場で最も多く見かける緑色の30kg入り液化炭酸ガスボンベは，約15㎥の炭酸ガスを取り出すことができる換算となる。

●アルゴン

高温・高圧でも他の元素と化合しない不活性で，無色・無味・無臭のガス。空気中に 0.93％程度しか含有しないが，深冷分離と言う方法で大気を原料とし分離精製され製造している。比重は 1.38（空気＝ 1）と空気と比較して重いため，大量使用の場合は地下ピットやタンク内などガス溜りに注意が必要。沸点は− 186℃。製鉄や高反応性物質の雰囲気ガス等に広く利用されている。

●ヘリウム

無色・無臭，不燃性のガスで，大気中に約 5.2ppm しかなく，比重は 0.14（空気＝ 1），沸点は− 269℃。化学的にまったく不活性で，通常の状態では他の元素や化合物と結合しない。　ヘリウムは特定のガス田プラントより採掘される天然ガス中に 0.3 〜 0.6％程度しか含まれておらず，それを分離精製し製造されている。液体ヘリウムは医療用途の MRI 等に使用され，超電導システムのコア技術等の最先端技術の一旦を担う。

ヘリウムの産出国はアメリカが市場の 7 割を占め，超希少資源として戦略物資の扱いとしている。近年，中東のカタールからも産出されるようになったが，超希少資源としての価値は変わらず価格が高騰している。

●酸素

無色・無味・無臭のガスで，空気の約 21％を占めており，比重は 1.11（空気＝ 1）で沸点は− 183℃。化学的に活性が高く，多くの元素と化合し酸化反応を起こす。シールドガスとしては先に記述した，2％酸素＋ 98％アルゴンがステンレスミグ溶接に使用されている。アルゴンと同じく深冷分離による方法で大気を原料とし分離精製され製造されるのが一般的であるが，エアガスと総称する窒素，酸素，アルゴンの 3 種のガスは，分離精製時に− 200℃へ及ぶ冷却が必要なことから膨大な電力が必要となっている。

●水素

無色・無味・無臭，可燃性のガスで，比重は 0.07（空気＝ 1）と地球上の元素の中で最も軽いガスで，沸点は− 253℃。熱伝導が非常に大きく，粘性が小さいため，金属などの物質中でも急速に拡散する。水素脆化が示す通り，溶接には不向きとされているが，オーステナイト系ステンレス鋼へは影響が極めて少ないことから，3 〜 7％の水素を添加した混合ガスで高効率なティグ溶接やプラズマ溶接で使用されている。

# 3．溶接用ガスの役割

シールドガスは文字通り空気と溶融金属の遮断が第一の役割であるが，最近ではシールド性能だけではなく，スパッタ低減や効率化を実現した機能性を求められる。当社の主なガスとして母材別に適合させた（表2）の混合ガス類が開発され，ユーザーで使用されている。

# 4．マグ溶接に及ぼすシールドガスの影響

マグ溶接におけるシールドガスとして，現在では多くの製造現場で使用されるマグガスは先に記述したように，アル

表2　イワタニ溶接用混合ガス　シールドマスターシリーズ

| 商品名 | 組成 | 対象素材 | 特徴 | 用途 |
|---|---|---|---|---|
| 軟鋼・低合金鋼用（MAG） | | | | |
| アコムガス | Ar+CO₂ | 軟鋼 | 低スパッタ・アーク安定・汎用性の高いMAGガス | 鉄骨・橋梁・造船等 |
| アコムエコ | Ar+CO₂ | 軟鋼中厚板 | 低スパッタ・低ヒューム・経済的なMAGガス・CO₂溶接での作業環境を改善 | 鉄骨・橋梁・造船等 |
| アコムHT | Ar+CO₂ | 薄板高張力鋼 | 低スパッタ・高速化・ビード外観向上・溶着金属の性質向上 | 自動車・輸送機器・事務機器等 |
| アコムZⅡ | Ar+CO₂ | 亜鉛メッキ鋼板 | 低スパッタ・高速化・耐ピット性向上・一般軟鋼にも使用可能 | 住宅設備・自動車 |
| ハイアコム | Ar+CO₂+He | 軟鋼中厚板 | スパッタ激減・高速化・ビード外観向上・中電流から高電流で抜群のアーク安定性 | 鉄骨・橋梁・造船等 |
| アコムFF | Ar+CO₂+O₂ | 軟鋼薄板・亜鉛メッキ | 幅広ビードの形成でアンダーカットを抑制・高速化が可能 | 自動車・輸送機器 |
| アルミ・アルミ合金用（MIG・TIG） | | | | |
| ハイアルメイトA | Ar+He | 薄板アルミ合金・パルスMIG/TIG | 溶け込み向上・高速化・耐ブローホール性向上・ビード外観向上 | 特装車・鉄道車輌 |
| ハイアルメイトS | He+Ar | 厚板アルミ合金・パルスMIG/TIG | 溶け込み向上・高速化・耐ブローホール性向上・ビード外観向上 | LNGタンク・アルミ船 |
| ステンレス鋼用（MIG・TIG） | | | | |
| ティグメイト | Ar+H₂ | ステンレス鋼・プラズマ溶接 | 溶け込み向上・高速化・TIG板厚により混合比を調整可能 | 厨房機器・配管 |
| ハイミグメイト | Ar+He+CO₂ | ステンレス鋼・パルスMIG | 高溶着・高速化・ビード外観向上・スパッタ激減・より高品質溶接を実現 | 自動車・鉄道車輌・化学プラント |
| ミグメイト | Ar+O₂ | ステンレス鋼・パルスMIG | アーク安定・低スパッタ・溶接効率向上 | 車輌・配管 |

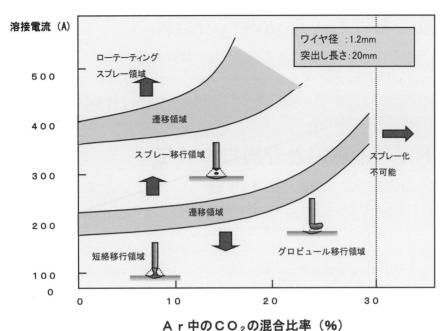

**図1　ガス混合組成が及ぼす溶適移行への影響**

ゴン80％＋20％炭酸ガスの組成であるが，その組成比率により溶滴移行は変化を見せる。一例として，**図1**に示すようにスパッタが激減するスプレー移行の電流域はガス組成により大きく変化をする。これらのガス混合比率を変化させ利用することで，パルス溶接で問題となるアンダカットや更なる低スパッタ等の施工性改善も見込める。

# 5．アルミティグ・ミグ溶接の需要増

　非鉄金属の分野では自動車に代表される輸送機器全般で，軽量化及び機能性を追求したアルミ部材が増加傾向にある。それに伴う接合技術も各分野にて開発が進められているが，いまだ現役であるのがティグ溶接及びミグ溶接でもある。

　使用されるシールドガスのほとんどがアルゴンガスであるが，一部ではヘリウムガスが使用され，機能性を求めたアルゴンとヘリウムの混合ガスも増加傾向である。

　高額なヘリウムを使用する背景には，技術者不足や人件費高騰による「タイムイズマネー理論」や自動化のハードルを下げることのできる，ヘリウムガスの優位性が再認識され始めたと感じている。

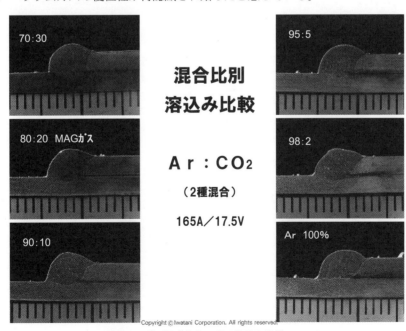

Copyright © Iwatani Corporation. All rights reserved.

**写真1　ガス組成変化による溶込み比較**

## 6．マグ溶接における，溶込みへの影響

　同様に，溶込み深さや形状にも影響を及ぼすことが，比較試験（**写真1**参照）により確認することができる。軽量化に伴う更なる薄板鋼板へは，アルゴン比率を高めることで溶込みは浅くなり，穴開き，溶落ち等の溶接欠陥防止策として活用されている。これとは逆に，炭酸ガス溶接と比較して溶込み不足を指摘されることの多いマグガスは，炭酸ガス比率を増やすことで改善される可能性がある。

## 7．シールドガスの選定と今後について

　グローバル競争にさらされる製造業において，高品質な物を低コストで作ることが最も重要とされているが，日本の国内における溶接コストは溶接品質を向上することで低減する場合が多い。溶接品質の向上はコストアップと捉えられ易いが，溶接におけるコストとは仮付から始まり塗装前の最終仕上げまでとなる。

　スパッタ取り作業やグラインダー仕上げ等の作業はもとより，溶接欠陥の補修には点検・確認作業など膨大な時間として大きなコストアップとなる。高品質溶接でトータルコストダウンの実現が可能である。

## 8．切断（溶断）用ガス

　構造材の切断には「熱切断」が非常に多く用いられている。「熱切断」とは熱エネルギーとガスの運動エネルギー，場合によってはガスが持つ化学的エネルギーで鋼材を溶かして切断すること。その種類は以下のように分類される。

**●ガス切断**

　火炎と鋼材の酸化反応による熱エネルギーとガス流体の運動エネルギーを利用

**●プラズマ切断**

　アーク放電による熱エネルギーとガス流体の運動エネルギーを利用

**●レーザ切断**

　光による熱エネルギーとガス流体の運動エネルギーを利用

　「ガス切断（溶断）」の最大の特徴は，切断部を溶かすためのエネルギーを，切断部の鉄自信の酸化反応熱で補うところにある。ガス炎で切断部を発火温度（約900℃）に加熱し，そこへ高圧の酸素を噴出することで，母材の鉄を燃やしながら切断する。

　つまり，酸素で鉄を燃やして溶かし，切断酸素気流によって燃焼生成物と溶融物を吹き飛ばすという2つの作用によって行なわれることになる（**写真2**）。このため，酸化・燃焼しにくいステンレス鋼や酸化・燃焼しても酸化物（アルミナ）が母材よりも著しく高融点で溶融物となりにくいアルミニウムには適用されない。

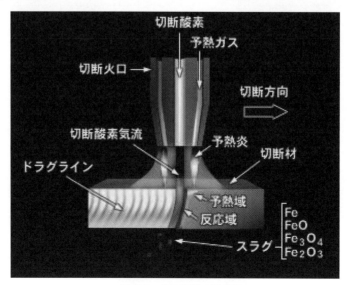

**写真2　ガス溶断の模式図**

表3　切断ガスの種類と物性比較

| ガス | 分子式 | 分子量 | ガス比重 空気＝1 | 総発熱量 Kcal/m3 | 火炎温度 ℃ | 燃焼速度 m/s | 着火温度 ℃ | 燃焼範囲 % |
|---|---|---|---|---|---|---|---|---|
| アセチレン | C2H2 | 26.04 | 0.91 | 13,980 | 3,330 | 7.60 | 305 | 2.5〜81.0 |
| プロピレン | C3H6 | 42.08 | 1.48 | 22,430 | 2,960 | 3.90 | 460 | 2.4〜10.3 |
| エチレン | C2H4 | 28.05 | 0.98 | 15,170 | 2,940 | 5.43 | 520 | 3.1〜32.0 |
| プロパン | C3H8 | 44.10 | 1.56 | 24,350 | 2,820 | 3.31 | 480 | 2.2〜9.5 |
| メタン | CH4 | 16.04 | 0.56 | 9,530 | 2,810 | 3.90 | 580 | 5.0〜15.0 |
| 水素 | H2 | 2.02 | 0.07 | 3,050 | | 14.36 | 527 | 4.0〜94.0 |

写真3　『ハイドロカット』の火炎と切断面（板厚50mm、25度開先切断）

　ガス切断（溶断）の際に母材を予熱する燃料ガスは，古くからアセチレンガスが使われてきた。現在はLPガスや天然ガスなどが一般的に使用され，その他プロピレン，エチレン，水素なども用いられ，これらのガスを混合し，比重や火力を調整したものも使用されている。**表3**にガス切断用の燃焼ガスとその物性を記す。

　「溶解アセチレン」は無色で純粋なものは無臭。比重は0.91（空気＝1）で沸点は－84℃。カーバイドから製造されるアセチレン自身は不安定で反応性が高い物質であるために，容器中の溶剤に溶解させて安定化させた状態で使用する必要があり，そのために「溶解アセチレン」とも呼ばれている。

　「液化石油ガス（LPG）」は石油採掘，石油精製や石油化学工業製品の製造過程での副生した炭化水素を液化した発熱量の高いガスで，家庭用ではプロパンガスと呼ばれて広く使われている。工業用，自動車燃料，都市ガス原料としても使用されている。

　「水素混合ガス」最近は，環境対応と切断性能を求めて，水素をベースにした燃料ガスが脚光を浴びている。安全性と環境性，作業性を改善させたのが弊社の「ハイドロカット」となる。水素にエチレンを高精度で混合させることにより，以下のメリットがある。

　①断面品質，速度などの切断能力が，LPガス，都市ガスに比べて高い。

　②熱影響によるひずみがアセチレン，LPガスに比べて少ない。

　③射熱の小さな水素を用いることにより，高温作業の熱切断作業環境が改善される。

　④切断時に発生する$CO_2$がアセチレンと比較し30%まで低減される。

　⑤逆火し難く，煤（すす）が出ない。

　当社は水素エチレン混合ガス「ハイドロカット」を環境対応型の「高機能,切断用燃料ガスとして販売し,機能性シールドガス同様に品質向上とトータルコストダウンを実現する機能性燃焼ガスとして推奨している。

# 切断の基礎知識

山本　健太郎

日酸 TANAKA 株式会社　事業本部 製品開発事業部　開発部 プラズマ加工技術開発G

## 1．はじめに

　熱切断は溶断とも呼ばれ，切断部を溶融(または蒸発)し，この溶融した部分をガスにより吹き飛ばして行う切断法である。**表1**に，熱切断と機械切断の対比を示す。

　熱切断の特徴は以下の通りである。

　長所としては，

**1）自由形状の切断が可能である。**

　熱切断で使用される熱源は，切断材の厚さの方向に線（または材料表面に点）として存在するため切断の進行方向に対する制約がない。

**2）切断材料の固定が不要である。**

　熱切断は，切断材と非接触であるため切断材に力を加えることがない。このため切断材を固定するものが不要である。

**3）厚板の切断速度が速い**

　鋸等の機械切断は，板厚が厚くなるほど加工速度は著しく低下するが，熱切断では厚板でも比較的速い速度で切断ができる。

　短所としては，

**1）切断精度が悪い。**

　熱切断は，切断材を局部的に溶かして溶けたものをガスにより吹き飛ばすため，熱変形が生じることや切り溝（カーフ）幅が広くなる。さらに，ガス気流の直進性や強さが若干変化することで，寸法精度が機械切断より劣る。

表1　熱切断と機械切断の対比

| | 熱切断 | 機械切断 |
|---|---|---|
| 切断エネルギ | 熱エネルギ＋ガスの運動エネルギ。場合によっては、ガスがもつ化学的エネルギが利用される場合がある。 | 機械的エネルギ。 |
| 切断工具 | 切断火口もしくはノズル。 | 刃物（はさみ、鋸、シャー等）。 |
| 適用材料 | 切断法によっては、適用できない材料がある。 | すべての材料に適用できる。 |
| 材料との接触 | 非接触。 | 接触。 |
| 材料拘束 | 非接触の切断であるため、一般には、拘束治具は不要。 | 加工時の抵抗のため、拘束が必要。 |
| 切断形状 | 非接触の切断であるため、切断形状の制限は少ない。 | 直線か、単純な形状に限定される。 |
| 切幅 | ノズル孔径の1.5～2倍（レーザ切断を除く。）レーザ切断は0.3～1mm程度。 | 切削工具の刃厚による。プレス、ギロチンシャーのような、せん断機の場合はゼロ。 |
| 切断後の変形 | 熱変形が生じる。 | 加工ひずみにより変形が生じるが、一般的に、変形は熱切断より小さい[1]。 |
| 材質変化 | 切断面近傍は熱的影響を受け、硬さや結晶組織の変化が生じる。また成分元素の移動が生じる場合もある。 | 加工ひずみ硬化が生じる。ステンレス鋼の場合、加工ひずみにより、マルテンサイト変態を起こす場合がある。 |

　＊1　ただし、ギロチンシャーの場合、ボウ（そり）、ツイスト（ねじれ）及びキャンバー（真直度）と呼ばれる変形が生じ、切断精度に大きく影響を及ぼす。JIS B 0410「金属板せん断加工品の普通公差」では、切断材の切断幅、真直度及び直角度について、それぞれ等級を設けている。

**2）切断面近傍の硬さおよび金属学的組織変化を起こすことがある。**

熱切断は，切断部を溶融し，この溶融 ( または蒸発 ) した部分をガスにより吹き飛ばすため，ガスによる冷却が行なわれ，切断面近傍の硬さや組織変化が起きる場合がある。

等が挙げられる。

熱切断は，前述した長所から重厚長大をはじめとする多くの産業で利用されている。熱切断の短所である熱変形に対しては，切断の前工程で溶接する位置や部材番号を示すマーキング線や文字を鋼板表面に施し，それらマーキングを基準に溶接し構造物を作る等，熱変形による精度低下を抑える工夫がなされている。

本稿では，熱切断の代表である，ガス切断，プラズマ切断，レーザ切断の原理や品質等について説明する。

# ２．熱切断法の原理と切断機

各熱切断法について，切断原理と切断機や周辺装置の形態を説明する。

## ２.１ ガス切断

ガス切断は，酸素と金属の酸化反応による発熱を利用して行う切断法で，熱切断法の中では最も古い切断法である。切断できる材料は，軟鋼と呼ばれる低炭素鋼（炭素が０.３％以下）や低合金鋼、その他数種の金属（チタン等）に限られる。

ガス切断は，**図1**左に示すように，燃料ガス（プロパン、アセチレン等）と予熱酸素を流して切断火口の先端で予熱炎を形成し，切断開始部を発火点以上に加熱する。そこに切断酸素を吹きかけ，酸化反応を起こさせるとともに，溶融した金属や酸化物を切断酸素の気流がもつ運動エネルギーで吹き飛ばす。この状態が継続されることで切断を行う方法である。ガス切断は，金属との酸化反応熱を利用するので，酸素が届く範囲が切断可能となり，厚板の切断には有利な切断法である。

**図2**は吹管を手で持って行うガス切断の機器構成を示す。酸素ガスと燃料ガスのボンベまたは供給装置,圧力調整器,乾式安全器，ホース，吹管，火口からなる単純な機器構成であることから装置のコストを低く抑えられる。

**写真1**にNCガス切断機を示す。切断トーチを複数取り付けられ，１回の切断で同形状の製品をトーチ数分切断できる等のメリットがある。

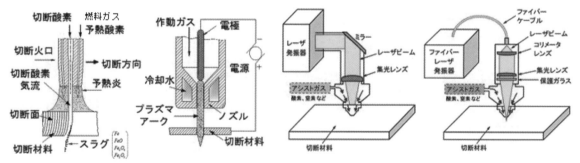

図1　熱切断の原理

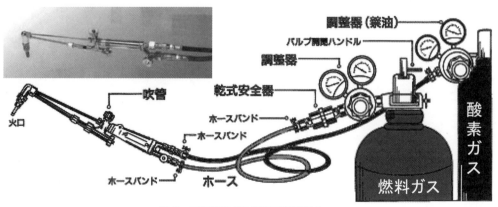

図2　手切り用ガス切断の機器構成

写真1　NCガス切断機

## 2.2　プラズマ切断

プラズマ切断は，アーク放電による電気エネルギーを利用する切断法である。電気エネルギーを利用するため，導体である金属の切断に使用される。

プラズマ切断は，**図1**中央に示すように，電極の周辺からノズルへ作動ガスを流し，切断材と電極間でプラズマアークを発生させる。ノズルによりプラズマアークが収束され，切断材を溶融させると同時にプラズマアークによって発生した気流により溶融した金属を吹き飛ばす切断法である。なお，**図1**には記載されていないが，切断面品質改善のため，作動ガスの周辺部に補助流体を流すことが一般的となっている。プラズマ切断は，熱エネルギーを切断材の上面から供給する方式であり，供給エネルギーの制約から，切断板厚が増大すれば切断が困難となる。プラズマ切断機の装置構成は，**図3**に示すように，プラズマユニット（プラズマ電源，加工ヘッド（プラズマトーチ），冷却水循環装置），切断機本体，切断で使用するガスの供給装置から構成され，プラズマ電源には直流電源が用いられており，切断材をプラス，電極をマイナスにして使用される。

プラズマ切断に使用する一般的な作動ガスとして，空気，酸素，アルゴン＋水素（＋窒素），窒素が挙げられる。

プラズマ切断の装置構成は，ガス切断より複雑となり，装置の導入コストは高い。また，切断時に煙（ヒューム）も多く発生するため，集じん装置が必要になる等，付帯設備のコストもかかる。プラズマ切断機は，ガス切断機と異なり，トーチが1〜2本程度の切断機が主流である。

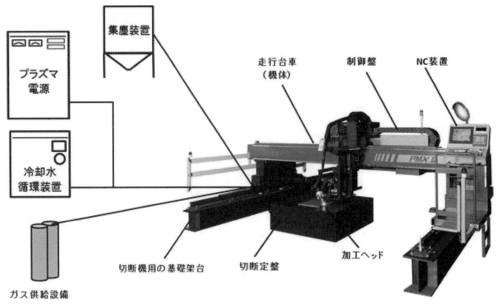

図3　プラズマ切断機の装置構成

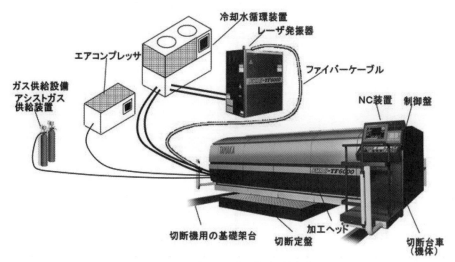

図4　ファイバーレーザ切断機の装置構成

### 2.3　レーザ切断

　熱切断の分野では,最も新しい切断法である。**図1**右には,中厚板分野に幅広く適用されている$CO_2$（炭酸ガス）レーザ切断とファイバーレーザ切断の原理を示す。レーザ発振器で発生したレーザ光を,$CO_2$レーザの場合は複数枚の反射鏡,ファイバーレーザの場合はファイバーケーブルを用いて加工ヘッドに伝送し,集光レンズでレーザ光を絞ってエネルギー密度を高めて切断材に照射することで材料を溶融させる。さらに,レーザ光と同軸上にアシストガスを流すことで溶融した金属を吹き飛ばす切断である。基本的には,虫眼鏡の原理そのものであり,この切断法の最大の特徴は,金属,非金属を問わないということである。切断方法は,速度を重視するCW（連続波）切断と,安定した品質を重視するパルス切断の2種類に分けられる。

　ファイバーレーザ切断機の装置構成を**図4**に示す。ファイバーレーザ切断機の装置構成は,レーザ発振器,発振器を冷却する冷却水循環装置,加工ヘッド,発振器から加工ヘッドまでビームを伝送するファイバーケーブル,切断で使用するガスの供給装置から構成される。$CO_2$レーザの場合は,伝送用ファイバーケーブルの代わりに伝送用ミラーや装置が必要となる。レーザ切断機の導入コストはガスやプラズマよりも高額となる。レーザ切断機は,1本トーチが主流である。

# 3.　各熱切断の性能

　**表2**に,ガス切断,プラズマ切断,レーザ切断の特徴を示す。この表は,評価方法として,すべてガス切断を基準として評価を行っている。したがって,「○」の数が多いほど,ガス切断より優れていることを示し,また,「×」がついている項目はガス切断より劣ることを示している。

　**表2**より,すべての項目で優れている,または,劣っている熱切断法はなく,熱切断法の選択は,要求される切断材,切断板厚,切断品質,コスト等に対して行われることになる。

　各熱切断法の対象切断材と切断板厚について説明する。ガス切断で切断できる材料は,軟鋼6.0〜600mmが主流であるが,過去においては4,000mmまで切断した記録がある。

　プラズマ切断の最大切断能力は,軟鋼は50mmまで,ステンレス鋼は150mmまで,アルミニウムは100mmまで切断可能である。プラズマ切断では,**表3**に示すように切断材により作動ガスや補助流体,電極材料が異なる。

　$CO_2$レーザ切断の最大切断能力は,6kW発振器で軟鋼は32mmまで,ステンレス鋼は25mmまで,アルミニウムは12mmまで適応する。高出力化が続いているファイバーレーザ切断の最大切断能力は,12kW発振器で軟鋼は38mmまで,ステンレス鋼は30mmまで,アルミニウムは30mmまで適応する。なお,レーザ切断の場合もプラズマ切断と同様に,切断材によりアシストガスの種類が異なる。軟鋼切断は酸素,ステンレス鋼は窒素,アルミニウムは窒素または空気が一般的に使用される。

　**表4**に各熱切断法で軟鋼SS400板厚12mmの切断を行った場合の切断品質を示す。

表2　ガス切断、プラズマ切断、レーザ切断の特徴
（ガス切断を基準。○（×）の数が多いほど、ガス切断より優れて（劣って）いる。）

| 評価項目 | | ガス切断 | プラズマ切断 | レーザ切断 |
|---|---|---|---|---|
| 対象切断材 | | 酸素と反応する金属（軟鋼、チタン等） | すべての金属[*1] | すべての材料。ただし、反射物質及び光透過性のものは困難 |
| 対象切断板厚[*2]（単位：mm） | | 軟鋼　6.0〜600 | 軟鋼　0.8〜50<br>ステンレス　1.0〜150<br>アルミ　1.0〜100 | 軟鋼　0.1〜38<br>ステンレス　0.1〜30<br>アルミ　0.1〜30 |
| 切断品質 | 面粗さ（軟鋼）[*3] | ○ | ○○（アルミ×） | ×〜○ |
| | 平面度 | ○ | ×〜○ | ○ |
| | ベベル角 | ○ | ×〜○ | ○ |
| | 上縁の溶け | ○ | ×〜○ | ○○ |
| | スラグ付着[*4] | ○ | ×〜○ | ○ |
| | 寸法精度（熱変形） | ○ | ○○ | ○○○ |
| | 硬さ（軟鋼） | ○ | ○ | ○ |
| | 溶接性（軟鋼） | ○ | ○[*5] | ○ |
| 生産性 | 切り込み時間 | ○ | ○○ | ○○ |
| | 切断速度 | ○ | ○○○ | ○○ |
| | 歩留まり（溝幅） | ○ | × | ○○ |
| | 多本同時切断 | ○ | × | ×× |
| | 共通線切断 | ○ | × | ○ |
| | 自動化率 | ○ | ○○ | ○○○ |
| | メンテナンス性 | ○ | × | ×× |
| | ランニングコスト[*6] | ○ | ○ | ×〜○ |
| | 付帯設備 | ○ | × | × |
| | 設備費 | ○ | × | ×× |
| 作業環境 | ヒューム（粉塵） | ○ | ×× | × |
| | 騒音 | ○[*7] | × | ○○[*7] |
| | 光 | ○ | × | ×× |
| | 熱輻射 | ○ | ○○ | ○○○ |

＊1　非移行式プラズマを使用すれば、非金属の切断も可能であるが、実績に合わせた。
＊2　一般的に適用される板厚の目安。
＊3　粗さに関しては、軟鋼板厚12〜20mmで評価した。
＊4　プラズマ切断、レーザ切断では、スラグをドロスと表現している。
＊5　エアプラズマの場合、切断面に窒化物生成の可能性あり。
＊6　トーチ1本当たり。（¥／m）　軟鋼板厚25mmまでを対象とした。
＊7　アウトミキシング（ガス切断）及び高圧窒素（レーザ切断）の場合、騒音は大きくなる。

　切断品質の評価には，国際規格ISO9013があるが，日本国内においては日本溶接協会規格WES2801ガス切断面の品質基準を，ガス切断だけでなく，プラズマ切断，レーザ切断に適応して評価されている。

　軟鋼12mmの切断品質では，プラズマ切断の上縁の溶けを除き，どの切断法も1級の品質が得られている。各熱切断法を比較した場合，面粗度，ドロスの付着では差がないが，ベベル角度，上縁の溶けでは，レーザ切断が最も良く，ガス切断，プラズマ切断の順に品質が低下している。

　レーザ切断は，他の熱切断法と比べて，カーフ幅が小さく，上縁の溶けがない等の特徴がある。

　図5は，板厚6〜50mmの軟鋼SS400を対象に各種熱切断法の切断速度と切断板厚の関係を示している。

　切断速度は，プラズマ切断が最も速く，次にレーザ切断，ガス切断の順になる。近年ではファイバーレーザの出力が高くなり，プラズマ切断の切断速度に近づきつつある。

　また，切断が可能な板厚については，ガス切断が最も厚く，次にプラズマ切断，レーザ切断の順となる。

　ランニングコストについては，ガス，電力，消耗品の各費用，および保守費と作業者の人件費の合計を時間単価で算出し，それに切断速度を考慮して単位切断長さのコストで考えることが一般的である。ガス，電力等のコストは地域や使用量によって変わるため，各切断法を一概に比較することは難しいが，一般的な価格を基に1本トーチで切断した場合の単位切断長さ（1m）当りのランニングコストの試算結果を図6に示す。人件費を除いた場合のランニングコストでは，ガス切断とプラズマ切断がほぼ同等で，$CO_2$レーザ切断はそれらよりも高くなる。一方，ファイバーレーザ切断

表3　プラズマ切断の適用範囲

| 対象切断材 | 一般的な作動ガス | 補助流体※1 | 電極材料 | 切断適用板厚 |
|---|---|---|---|---|
| 軟鋼 | 酸素 | 空気 | ハフニウム | 0.5～50mm |
| | 空気 | 空気 | ハフニウムまたはジルコニウム | 0.5～40mm |
| ステンレス鋼 | アルゴン＋水素＋窒素※2 | 窒素 | タングステン | 0.5～150mm |
| | 窒素 | 窒素または水 | タングステンまたはハフニウム | 0.5～75mm |
| | 空気 | 空気 | ハフニウムまたはジルコニウム | 0.5～40mm |
| アルミニウム | アルゴン＋水素＋窒素※2 | 窒素 | タングステン | 0.5～100mm |
| | 窒素 | 窒素または水 | タングステンまたはハフニウム | 0.5～75mm |

※1　補助流体は使用されない場合もある
※2　2種混合の場合もある。ガスの混合比により切断適用板厚は異なる。

表4　熱切断法の板厚12mmの切断品質比較

| | ガス切断 | プラズマ切断 | $CO_2$レーザ切断（パルス） | ファイバーレーザ切断（パルス） |
|---|---|---|---|---|
| 切断面 | | | | |
| カーフ形状 | | | | |
| 切断品質　面粗度※1 | 50μm | 30μm | 30μm | 30μm |
| 切断品質　ドロスの付着 | なし | なし | なし | なし |
| 切断品質　ベベル角度 | 1度以下 | 1.5度以下（片側のみ） | 0.6度以下 | 0.6度以下 |
| 切断品質　上縁の溶け | わずかに丸み有り | 丸みがある | なし | なし |
| カーフ幅 | 1.5mm | 3.0mm | 0.7mm | 0.9mm |

※1　面粗度は、最大高さRz（JIS B0601：2013）で示している。

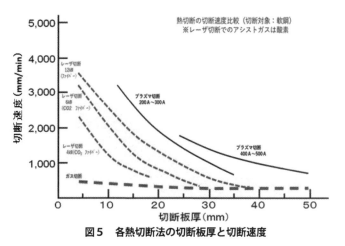

図5　各熱切断法の切断板厚と切断速度

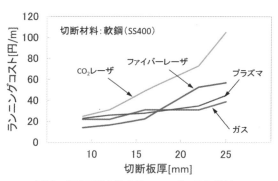

図6　各熱切断方法のランニングコスト比較

は$CO_2$レーザ切断よりも消費電力が小さく，レーザ発振に必要なレーザガス，ミラー等の消耗品が少ないため，ランニングコストは低くなり，板厚16mm以下の範囲ではガスやプラズマよりも低い。

　実際のコスト算出では，人件費を含めて考慮する必要があるが，複数のトーチを使用できるガス切断，切断速度が大きいプラズマ切断，無監視運転ができるレーザ切断等様々なケースがあるので，各切断における人件費を実際に調べて比較検討する必要がある。

# 4．各熱切断の最新技術

　ここでは，各種熱切断方法について，ここ数年で話題となった技術について示す。

## 4.1　ガス切断

　ガス切断は，燃料ガスに炭化水素系ガス（アセチレン，プロパン）が多く使用されているが，近年$CO_2$削減と能力向上から，燃料ガスに水素ガスを使用するガス切断が注目されている。水素ガス単体では，白心が見えず火炎調整がで

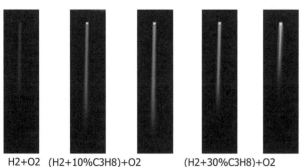

H2+O2　(H2+10%C3H8)+O2　　(H2+30%C3H8)+O2

(H2+20%C3H8)+O2　　　C3H8+O2

※水素用火口

**写真2　予熱炎の外観**

水素ガスによる開先切断　　水素ガスによる切断面

**写真3　水素切断の切断風景と切断面写真**

きないことから，着色のために水素ガスに若干の炭化水素系のガスを混ぜて使用されている。**写真2**に予熱炎の概観を示す。水素ガスを使用した場合，炭化水素系ガスと比較すると，切断時の火炎からの輻射熱が少ないことと，切断速度が速くピアス時間が短縮できること，熱変形が少ないこと，開先切断が容易であること，爆発限界下限値および発火温度が高いためアセチレンやプロパンに比べ安全であること等の特徴が挙げられる。**写真3**に燃料ガスに水素ガスを用いたガス切断面を示す。

また近年では，ピアシング時のスパッタ付着を低減できる新たな火口が販売されており，従来の火口寿命より2～8倍長寿命化する実績も得られている。

### 4.2　プラズマ切断

最近のプラズマ切断装置は，アークON/OFF時のガスおよび電流制御を最適化し，電極やノズルの冷却効率を向上させることで，消耗品の長寿命化が図られている。また，酸素プラズマ切断用の電極チップはハフニウムが広く使用されているが，ハフニウムよりも高融点の材料を電極チップに採用することで，寿命を飛躍的に向上させる技術も開発されている。**図7**にこれらの消耗品寿命データの一例を示す。これらの他に，切断中のトーチと材料の接触によるノズル損傷を低減する等の対策を講じることで，実運用ベースでの消耗品全体の長寿命化も図られている。

### 4.3　レーザ切断

レーザ切断では，近年CO₂レーザに替わりファイバーレーザが広く普及し始めている。この背景には，各種切断機メーカーがファイバーレーザに適した光学設計や流体制御の最適化に取り組んだ結果，これまで問題であった切断面中央の粗さや凹みやベベル角度が大きく改善し，板厚25mmの中厚板でもCO₂レーザと比較して遜色ない切断品質が得られ

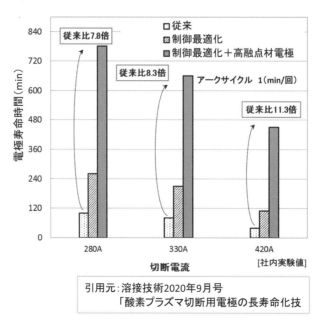

**図7　プラズマ切断における消耗品の寿命時間**

表5　CO₂レーザとファイバーレーザの切断品質比較

| | 6kW-CO₂レーザ | 6kW-従来ファイバー | 6kW-最新ファイバー | 12kW-最新ファイバー |
|---|---|---|---|---|
| 切断面写真 | | | | |
| 切断速度 (mm/min) | 650 | 650 | 700 | 1,250 |
| 面粗度$R_z$ (μm)※1 | 49.0 | 85.3 | 39.5 | 36.5 |
| カーフ幅差 (mm) | −0.91 | −1.06 | −0.60 | −0.40 |
| ベベル角度(°) | −1.0 | −1.5 | −1.0 | −0.2 |
| 凹み(mm) | 0.20 | 0.45 | 0.15 | 0.08 |
| ドロス | 無 | 無 | 無 | 無 |

※1　面粗度は JIS B0601：2013 による最大高さ粗さ$R_z$において、上面、中央面、下面の最大値を示している。

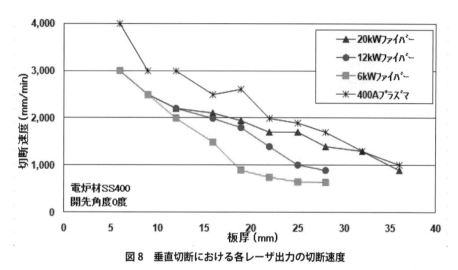

図8　垂直切断における各レーザ出力の切断速度

るようになったことが挙げられる（**表5**参照）。

　また，ファイバーレーザは高出力化が進んでおり，レーザの高出力化に伴って切断速度の向上と切断可能な板厚範囲が大幅に広がっている。6kW ファイバーレーザにおける CW 切断の適用板厚範囲は 16mm までであったが，12kW では 28mm，20kW では 36mm まで拡張できる切断結果も得られており，プラズマ切断の適用範囲に迫ってきた。**図8**に示すように 400A プラズマの切断速度に対してレーザ出力が大きくなるにつれて切断速度も近づいており，特に板厚 25mm ではプラズマに対して 89% の切断速度にまで近づいてきている。

　さらに，開先切断への適応も進んでおり，6kW-CO₂ レーザと 20kW ファイバーレーザの開先切断能力比較として，軟鋼材の 45 度開先切断における切断品質比較を**表6**に示す。表 45 度開先切断が可能な最大板厚は，6kW-CO₂ レーザが 16mm に対して，20kW ファイバーレーザは 25mm に拡張している。開先切断品質については，6kW-CO₂ レーザの板厚 16mm と 20kW ファイバーレーザの板厚 25mm はほぼ同等となっている。また，**図9**に示すように 400A プラズマの切断速度に対して，20kW では垂直切断と同じく開先切断においてもプラズマ切断の速度に迫っている。

# 5．安全

　熱切断では，切断開始時の孔あけ時（ピアシング，ピアス）に，激しいスパッタ（高温の溶融金属）の飛散がある。

　切断機周辺に可燃物が放置してあると，スパッタにより引火し火災の原因になる。スパッタは，状況により 5m 以上飛散することもあり，スパッタによる火災の防止は非常に重要である。一般的な防止策は以下の通りである。

・切断機周辺には，絶対に可燃物（加工図面，作業指示書，ウエス，軍手，油，ゴミ箱）を置かない。

・切断機周辺の清掃，整理，整頓。

表6　ファイバーレーザと $CO_2$ レーザの表45度開先切断面比較

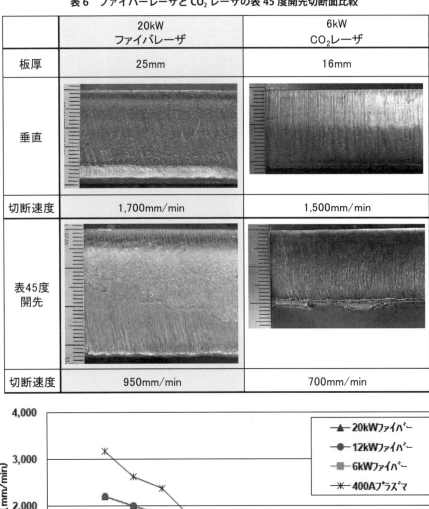

| | 20kW<br>ファイバレーザ | 6kW<br>$CO_2$レーザ |
|---|---|---|
| 板厚 | 25mm | 16mm |
| 垂直 | | |
| 切断速度 | 1,700mm/min | 1,500mm/min |
| 表45度<br>開先 | | |
| 切断速度 | 950mm/min | 700mm/min |

図9　表45度開先切断における各レーザ出力の切断速度

・無人運転はしない。

　自動切断機であっても，必ず万が一の場合に備え，消火器を用意しておくことも重要である。

　**表7**に各熱切断作業の危険性，環境保全，公害関係について示す。

　ガス切断では，アセチレンやプロパン等の燃料ガスと酸素ガスを使用するため，逆火に注意する必要がある。アセチレンを用いる場合，切断機器には逆火防止装置の設置が義務付けられているが，その他の燃料ガスでも使用することが望ましい。また，切断機の能力を最大限に引き出し，かつ，安全に使用するためには，機器の日常点検，定期点検を実施することが必要不可欠である。

　プラズマ切断では，切断している時の音とプラズマ光およびヒュームの発生に留意する必要がある。切断時の音の強さは，約110dBと非常に大きな音を発生するため，耳栓等の遮音対策が必要である。また，切断時の光は非常に強く，直接作業者は勿論のこと周囲作業者に対しても遮光対策が必要となる。熱切断の中でも，プラズマ切断はヒュームの発生量が多く，集じん装置等の設置も必要である。なお，プラズマ切断により発生するヒュームおよび塩基性酸化マンガンが，労働者に神経障害等の健康障害を及ぼすおそれがあることが明らかになったことから，労働者の化学物質へのば

表7　切断作業中の危険性、環境保全、公害関係

| 項目 | 小項目 | 評価の基準 | ガス切断 | プラズマ切断 | レーザ切断 |
|---|---|---|---|---|---|
| 作業および作業環境 | 作業中の危険性 | 作業中に注意しなければならない危険性とその予防方法または設備 | 逆火。アセチレンを用いた場合には、高圧ガス保安法の規定により、逆火防止装置を設置しなければならない。 | 感電。切断中人体がトーチに接触しまいようにしなければならない。 | 材料表面からの乱反射光。アクリル板等による遮蔽板の設置。 |
| | 作業環境の保全 | 作業環境の清掃の保全 | | 集塵装置を設置して、切断材料によるヒューム及び粉塵並びにプラズマアークによるNOXの排除を行う。 | |
| | 騒音 | 切断中、ノズルおよび切断溝から発生する騒音 | 切断溝を切断酸素気流が吹き抜ける音がレーザ切断に比べ高い。 | 最も高い。装置に施す設備は開発されていない。耳栓を着用する。 | ガス切断に比べて低い。 |
| | 光 | 切断材料が溶融又は燃焼する際に発生する光及び切断手段が発生する光が目に与える障害の予防方法 | 作業者が保護眼鏡を着用する。 | 作業者が保護眼鏡を着用する。切断トーチに遮光フードを装着する。 | 作業者がレーザ光の種類と出力にあった保護眼鏡を着用する。 |

く露防止措置や健康管理を推進するため，労働安全衛生法施行令，特定化学物質障害予防規則および作業環境測定施行規則ならびに作業環境評価基準等について改正が行われ，2021年4月1日から施行されることとなった。これにより，アークを用いて金属を溶断またはガウジングする作業または業務について，新たに作業主任者の選任，作業環境測定の実施および有害な業務に現に従事する労働者に対する健康診断の実施が必要となり、当該労働者が適正な呼吸用保護具を適切に装着されていることを確認し，その結果を3年間保存することが義務付けられている。

　レーザ切断では，切断で使用されているレーザ光は目視できない光であり，特にファイバーレーザは眼に対する危険度が非常に大きい。レーザ光が眼に入ってしまった場合，CO$_2$レーザでは角膜や水晶体でレーザ光が吸収されて眼の表面の傷害で済むが，ファイバーレーザでは眼球奥の網膜で焦点を結ぶことになるため，最悪の場合，失明に至ることがある。そのため，作業の際は必ず保護メガネの着用が必要である。なお，保護メガネの仕様は使用するレーザにより異なるため，レーザの種類（波長）や出力にあった適切なものを選ぶ必要がある。ちなみに，ファイバーレーザにおいて，2～19kWの出力にはOD（Optical Density：光学濃度）7，20kW以上の出力にはOD8の保護メガネが必要である。

# 7．おわりに

　ここまで熱切断の代表であるガス切断，プラズマ切断，レーザ切断について，原理，性能，最新技術等について説明してきた。3つの熱切断法それぞれの特徴について理解いただけたと思う。今後の販売活動の参考にして頂ければ幸いである。

## 参 考 文 献

1) 日本溶接協会　ガス溶断部会　技術委員会　溶断小委員会：　要説　熱切断加工の"Q＆A"，日本溶接協会（2009）
2) ガス切断の性能と品質・安全　2010.8.26　（社）日本溶接協会　熱切断講習会資料
3) 日本溶接協会：　日本溶接協会規格 WES2801　ガス切断面の品質基準（1980）
4) 長堀ら：中・厚板レーザ切断の最新技術　日本溶接学会論文集
5) 山本：酸素プラズマ切断用電極の長寿命化技術　溶接技術 2020年9月号
6) 厚生労働省労働基準局長：　基発 0422 号第4号　労働安全衛生法施行令の一部を改正する政令等の施行等について

# 個人用保護具の基礎知識

山田 比路史
株式会社重松製作所

## 1. はじめに

　溶接は，現代の産業において不可欠な技術である。しかし，溶接に関係する作業者に影響を与える安全衛生上の問題が数多く潜んでいることも忘れてはならない。

　作業者を危険から守るための手段には，工学的な方法と個人用保護具（以下，保護具）の使用がある。

　工学的な方法は，作業環境を改善するための設備の導入，作業者の関与を少なくする製造設備の導入，安全装置の導入などである。

　しかし，作業の内容や場所によっては，工学的な方法を用いることが困難な場合や工学的な方法で十分な保護が得られない場合がある。

　このようなときは，有効な保護具を使用する必要がある。

　ここでは，溶接作業において作業者を守るための保護具について説明する。

## 2. 溶接作業で考慮すべき危険・有害因子と保護具

　溶接作業者の安全衛生に関する危険・有害因子は，**表1**に示すとおりである。この表には，人体への影響および保護具の種類も示されている。

**表1　溶接作業における危険・有害因子，人体への影響および保護具**

| 危険・有害因子 | | 人体への影響 | | 保護具 |
|---|---|---|---|---|
| | | 部位 | 主な障傷害 | |
| 有害物質 | ・溶接ヒューム<br>（Fe, Mnなどの複合酸化物，フッ化物など） | 呼吸器ほか | ・金属熱<br>・じん肺症<br>・呼吸困難 | ・防じんマスク<br>・電動ファン付き呼吸用保護具<br>・送気マスク |
| | ・有毒ガス<br>（CO, O₃, NOₓ, 有機分解ガスなど） | 呼吸器ほか | ・血液の異常<br>・中枢神経障害<br>・心臓・循環器障害 | |
| 酸素欠乏 | ・酸素濃度18%未満の状態 | 呼吸器ほか | ・酸素欠乏症 | ・送気マスク<br>・空気呼吸器 |
| 有害光 | ・紫外放射<br>（約200-約380 nm）<br>・可視光<br>（ブルーライト）<br>・赤外放射 | 眼 | ・角結膜炎（電気性眼炎）<br>・白内障<br>・光網膜炎 | ・遮光めがね<br>・溶接用保護面<br>・レーザ保護めがね |
| | | 皮膚 | ・皮膚炎（日焼け）<br>・皮膚がん | ・溶接用保護面<br>・溶接用かわ製保護手袋 |
| スパッタ<br>スラグ | — | 眼 | ・外傷 | ・溶接用保護面<br>・遮光めがね<br>・保護めがね |
| | | 皮膚 | ・熱傷 | ・保護衣類<br>・安全帽<br>・安全靴<br>・溶接用かわ製保護手袋<br>・前掛け<br>・足・腕カバー |
| アーク熱 | — | 全身 | ・熱中症 | ・冷房服 |
| 騒音 | — | 耳 | ・難聴 | ・耳栓<br>・耳覆い |
| 電撃（感電） | — | 皮膚 | ・熱傷 | |
| | | 臓器・器官 | ・筋肉の硬直<br>・心臓・循環器障害<br>・中枢神経障害 | ・絶縁性の安全靴<br>・絶縁性保護手袋 |
| 墜落 | — | 全身 | ・外傷<br>・全身打撲<br>・内臓破裂<br>・脳の損傷 | ・墜落制止用器具<br>・墜落時保護用の保護帽 |

# 3．有害物質からの防護

## 3.1　溶接ヒュームについて

　溶接ヒュームは，アークなどの熱によって溶融した母材および溶接材料から蒸発した成分が，空気中で冷却されて生成する固体の球状粒子である。そのサイズは，おおよそ 0.01 μm ～ 0.1 μm と微細である。これらの粒子が，単独または鎖状の集合体で空気中に浮遊している（**写真 1** 参照）。

　溶接ヒュームの有害性として，じん肺および発がん性が指摘されている。

　じん肺は，肺の機能であるガス交換（酸素を取り込み，二酸化炭素を排出）が損なわれる病気である。

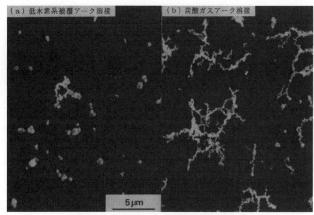

**写真 1　溶接ヒュームの電子顕微鏡写真**

　特定化学物質障害予防規則（以下，特化則）では，「溶接ヒューム」が肺がん発症のリスクが高いこと，「マンガンまたはその化合物」が神経機能障害等を与えることから，特定化学物質としている。

　これらのことから，溶接ヒュームそのもの並びに溶接ヒュームに含まれるマンガンまたはその化合物を吸入しないための対策が必要である。

　粉じん対策として，まず考えなければならないのは，全体換気装置，局所排気装置など（以下，換気装置）を導入することである。しかし，溶接作業の場合は，次のような要因によって，換気装置の機能が十分に発揮されない場合が多い。

a) 作業者の顔が，溶接ヒュームの発生場所（アーク点）に極めて近いため，効果的な吸引がむずかしい。

b) 換気装置の空気流が溶接の品質に影響することがある。

c) 溶接箇所が移動することへの対応が困難である。

　このような事情のため，多くの溶接作業では，換気装置による対策だけでなく，呼吸用保護具の着用が必要となる。

## 3.2　溶接ヒュームに対して有効な呼吸用保護具

　溶接ヒュームに対しては，防じんマスクおよび電動ファン付き呼吸用保護具（以下，PAPR[1]）が有効とされている。

　　注 [1] PAPR は，対応英語である “Powered Air Purifying Respirators” の頭文字をとった略語で，“ピーエーピーアール” と読む。

　他の有効な呼吸用保護具として，作業場とは別の離れた場所から清浄空気をホースで送る方式の送気マスクもあるが，作業性の問題，空気源を確保する必要があることなどのため，有毒ガスが発生する場合や酸素欠乏の場合などの特別な事情がなければ選択されることはない。

　呼吸用保護具の選択については，**3.5** で述べる。

## 3.3　防じんマスク

### 3.3.1　防じんマスクの種類

　防じんマスクは，着用者の呼吸によって環境空気を吸引し，その中に含まれる溶接ヒュームなどの粉じんをろ過材（フィルタ）で除去する呼吸用保護具である。

　防じんマスクは，厚生労働省の「防じんマスクの規格」による型式検定が行われており，これに合格した製品には，合格標章が付いている。

　防じんマスクには，取替え式防じんマスクと使い捨て式防じんマスクがある。

a) 取替え式防じんマスク

　取替え式防じんマスクは，構成品が劣化，機能低下などがあったときに，その構成品を交換または手入れをして，再使用できるものである。

　取替え式防じんマスクには，「吸気補助具付き防じんマスク」と「吸気補助具付き防じんマスク以外のもの」とがある（**図1** および **図 2** 参照）。

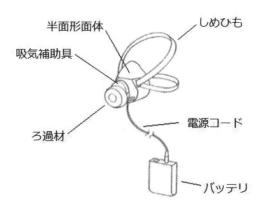

**図1　吸気補助具付き取替え式防じんマスクの例**

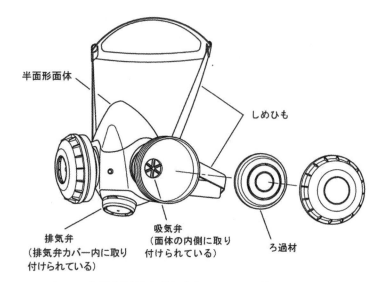

**図2　吸気補助具付き取替え式防じんマスク以外のものの例**

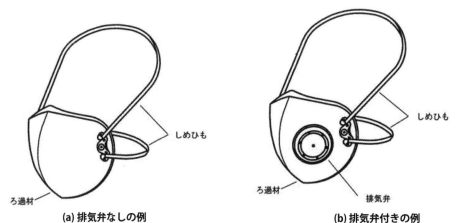

**(a) 排気弁なしの例**　　　　　　　　　**(b) 排気弁付きの例**
**図3　使い捨て式防じんマスクの例**

　吸気補助具付きは，内蔵する送風ファンによる小流量の送風が着用者の呼吸を楽にするというものである。流量が少ないため，防護性能については，吸気補助具のないものと同じ位置付けになっている。

b) 使い捨て式防じんマスク

　使い捨て式防じんマスクは，ろ過材と面体が一体となったもので，防じんマスクとして使用に耐えられなくなったとき，または取扱説明書に記載されている使用限度時間に達したときに，全体を廃棄し，新品と交換するものである（**図3** 参照）。

### 3.3.2　防じんマスクの粒子捕集効率

　防じんマスクの最も重要な性能である粒子捕集効率は，**表2** のとおりである。

### 3.3.3　防じんマスクを使用する際の注意点

　防じんマスクを使用する際の主な注意点は，次のとおりである。

　a) 作業環境中の酸素濃度が 18 ％未満または不明な場所では使用しない（酸素欠乏環境については，**4** 参照）。

　b) 有毒ガスが存在する場所では使用しない（有毒ガスについては，**3.5** 参照）。

　c) 着用直後に，シールチェック[2] を実施し，顔面と面体のフィット（密着性）が良好であることを確認する。シールチェックは，取扱説明書に従って実施する。

　　　注 [2] 従来，「フィットチェック」という用語が使用されていたが，「フィットテスト」（3.6 参照）との混同を避けるために新たに規定された用語である。

　d) タオルなどを当てた上から着用しない。

## 3.4　PAPR

### 3.4.1　PAPR の種類

表2　防じんマスクの粒子捕集効率

| 種類 | 区分 | 粒子捕集効率<br>% | 試験粒子 |
|---|---|---|---|
| 取替え式防じんマスク | RL3 | 99.9　以上 | DOP 粒子 [a] |
| | RL2 | 95　　以上 | |
| | RL1 | 80　　以上 | |
| | RS3 | 99.9　以上 | NaCl 粒子 [b] |
| | RS2 | 95　　以上 | |
| | RS1 | 80　　以上 | |
| 使い捨て式防じんマスク | DL3 | 99.9　以上 | DOP 粒子 [a] |
| | DL2 | 95　　以上 | |
| | DL1 | 80　　以上 | |
| | DS3 | 99.9　以上 | NaCl 粒子 [b] |
| | DS2 | 95　　以上 | |
| | DS1 | 80　　以上 | |

注 [a]　DOP（フタル酸ジオクチル）の液体粒子
　　[b]　NaCl（塩化ナトリウム）の固体粒子

　PAPR は，内蔵する電動ファンによって環境空気を吸引し，その中に含まれる溶接ヒュームなどをろ過材（フィルタ）で除去し，清浄となった空気を着用者の呼吸域に送る呼吸用保護具である。

　PAPR は，厚生労働省の「電動ファン付き呼吸用保護具の規格」による型式検定が行われており，これに合格した製品には，合格標章が付いている。

　PAPR の基本的な構成および空気の流れの概念図を**図4**に示す。

　PAPR は，電動ファンによって，着用者の呼吸流量より多い空気を着用者の呼吸域に送ることよって，安定した高い防護性能と共に楽な呼吸が得られる呼吸用保護具である。

　PAPR の種類は，形状，電動ファンの性能および漏れ率によって区分されている。また，使用されるろ過材（フィルタ）は，粒子捕集効率による区分がある。

a) 形状による区分

　PAPR の形状による区分は，**表3**に示すとおりである。

b) 電動ファンの性能による区分

　－ 大風量形

　－ 通常風量形

c) 漏れ率による区分

　－ S 級：漏れ率≦ 0.1 ％

　－ A 級：漏れ率≦ 1 ％

　－ B 級：漏れ率≦ 5 ％

d) ろ過材（フィルタ）の種類

　ろ過材（フィルタ）の種類は，試験粒子の種類および粒子捕集効率によって，**表4**のとおり区分されている。

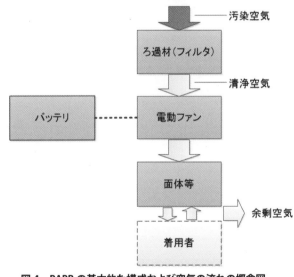

図4　PAPR の基本的な構成および空気の流れの概念図

3.4.2　PAPR を使用する際の注意点

　PAPR を使用する際の主な注意点は，次のとおりである。

表3　PAPR の形状による区分

| PAPR の種類 | | 面体等の種類 | 備考 |
|---|---|---|---|
| 面体形 | 隔離式 | 全面形面体 | |
| | | 半面形面体 | 図5参照 |
| | 直結式 | 全面形面体 | |
| | | 半面形面体 | 図6参照 |
| ルーズフィット形 | 隔離式 | フード | |
| | | フェイスシールド | 図7参照 |
| | 直結式 | フード | |
| | | フェイスシールド | |

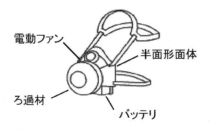

図6　半面形面体を有する面体形直結式 PAPR の例

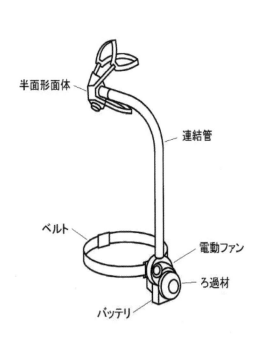

図5　半面形面体を有する面体形隔離式 PAPR の例

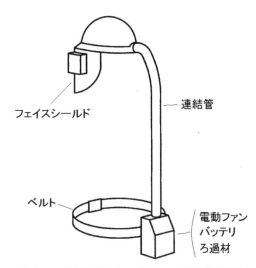

図7　フェイスシールドを有するルーズフィット形隔離式 PAPR の例

表4　PAPR に使用されるろ過材（フィルタ）の種類

| ろ過材（フィルタ）の区分 | 粒子捕集効率 % | 試験粒子 |
|---|---|---|
| PL3 | 99.97 以上 | DOP 粒子 [a] |
| PL2 | 99　以上 | |
| PL1 | 95　以上 | |
| PS3 | 99.97 以上 | NaCl 粒子 [b] |
| PS2 | 99　以上 | |
| PS1 | 95　以上 | |

注 [a]　DOP（フタル酸ジオクチル）の液体粒子
　　[b]　NaCl（塩化ナトリウム）の固体粒子

a) 作業環境中の酸素濃度が 18 % 未満または不明な場所では使用しない（酸素欠乏環境については，**4** 参照）。

b) 有毒ガスが存在する場所では使用しない（有毒ガスについては，**3.5** 参照）。

c) 面体形 PAPR は，防じんマスクと異なり，面体内部の圧力（以下，面体内圧）が陽圧（大気圧より高い圧力）となるように設計されているため，完全なフィット（密着性）は必ずしも必要としない。しかし，高い防護性能を確実にし，無駄な空気の流れをつくらないために，フィット（密着性）が良好な状態で使用することが望ましい。着用直後のシー

ルチェックは，取扱説明書に従って実施する。

d) 使用前に電動ファンの送風量の確認が指定されている PAPR は，取扱説明書に従って実施する。

e)PAPR の警報装置が警報を発したら，速やかに安全な場所に移動する。警報の内容に応じて，ろ過材（フィルタ）の交換，バッテリの交換（または充電）を行う。ルーズフィット形 PAPR は，流量が規格値を下回ると，防護性能が著しく低下するので，注意が必要である。

## 3.5 溶接ヒュームに対する呼吸用保護具の選択

### 3.5.1 粉じん障害防止規則による選択

粉じん障害防止規則（以下，粉じん則）によって，防じんマスクおよび電動ファン付き呼吸用保護具が対象となる。防じんマスクについては，「防じんマスクの選択，使用等について」（平成 17 年 2 月 7 日付け基発第 0207006 号）によって，金属のヒューム（溶接ヒュームを含む）を発散する場所における作業で使用するものとして，次の種類を規定している。

　　－ オイルミスト等が存在しない場合

　　　　RL3, RL2, DL3, DL2, RS3, RS2, DS3, DS2

　　－ オイルミスト等が存在する場合

　　　　RL3, RL2, DL3, DL2

PAPR については，選択基準を示す通達などはないが，PAPR の全種類が上記の防じんマスクと同等以上の性能をもつので，すべての PAPR が選択の対象となる。ただし，作業環境の条件によって，次のろ過材を使用する必要がある。

　　－ オイルミスト等が存在しない場合

　　　　PL3, PL2, PL1, PS3, PS2, PS1

　　－ オイルミスト等が存在する場合

　　　　PL3, PL2, PL1

さらに，溶接作業では遮光保護具を併用する必要があるので，通常は，溶接用保護面が使用できる半面形面体を有するもの，または遮光用のフィルタプレートが取り付けられるフェイスシールドを有するものを使用することになる。

次項で述べる作業（特化則によって規定されている作業）でない場合は，上記の性能をもつ防じんマスク又は PAPR の中から選択する。

### 3.5.2 特化則との関連による選択

「溶接ヒューム」および「マンガンまたはその化合物」が特定化学物質であることから，「金属アーク溶接作業等を継続して行う屋内作業場」については，換気装置による改善を行た後，下記の手順によって有効な呼吸用保護具を選択することとされている。なお，上記の金属アーク溶接作業等とは，次の作業のことである。

　　－ 金属をアーク溶接する作業

　　－ アークを用いて金属を溶断し，またはガウジングする作業

　　－ その他の溶接ヒュームを製造し，または取り扱う作業

呼吸用保護具を選択する手順の概要は，次のとおりである。

1) 対象とする溶接作業について，個人ばく露測定によって溶接ヒュームに含有するマンガン濃度の最大値 C（mg/m$^3$）を求める。

2) 要求防護係数 (PFr) を式 (1) によって計算する。

$$PF_r = \frac{C}{0.05} \quad \cdots (1)$$

3)PFr を上回る指定防護係数（**表 5** 参照）を有する呼吸用保護具を選択する。

マンガン濃度が低く，PF$_r$ が 1 未満であっても，これを上回る指定防護係数を有する呼吸用保護具選択することとされている。

最終的に選択すべき呼吸用保護具の種類は，特化則による選択（3.5.2 の内容）で必要とする防護性能と粉じん則による選択（3.5.1 の内容）で必要とする防護性能を比較し，高い防護性能のものとなる。防護性能を比較する際は，指

定防護係数（**表5**）が利用できる。

### 3.6　フィットテスト

　3.5.2 で述べた特化則の内容に関連して，「金属アーク溶接作業等を継続して行う屋内作業場」で使用する呼吸用保護具の内，面体を有するもの（すなわち，防じんマスクおよび面体形 PAPR）については，フィットテストを実施することが義務付けられている。

　このフィットテストは，面体を装着した直後に着用者自身が行うシールチェック（3.3.3 c) 参照）とは異なるもので，測定者が個々の着用者と作業で使用する面体（または，少なくとも接顔部の形状，サイズおよび材質が同じ面体）との組み合わせで，顔面と面体とのフィット（密着性）の状態を評価し，面体が個々の着用者に適たものであるか否かを判定するというものである。

　フィットテスト方法の基本的な内容は，次のとおりである。

　試験物質がろ過材（フィルタ）を透過しない状態をつくり，試験物質の面体外の濃度（$C_o$）および面体内の濃度（$C_i$）を測定し，フィットファクタ（FF）を式 (2) から求め，その値が要求フィットファクタ以上であれば合格と判定するというものである。

$$FF = \frac{C_o}{C_i} \quad ----(2)$$

　フィットテストの方法には，試験物質の漏れ量を計測装置で測定する「定量的フィットテスト」と試験物質の味などを利用し，漏れを被験者の感覚で判定する「定性的フィットテスト」がある。

　面体の種類に対する要求フィットファクタの規定および使用できるフィットテスト方法は，**表6** のとおりである。

　PAPR の面体についてフィットテストを行う場合は，電動ファンを停止した状態とする。

　定量的フィットテストでは，面体内の試験物質をサンプリングする必要があるが，そのときサンプリングチューブなどを面体と顔面の間に挿入する方法を用いてはならない。なぜならば，この方法は，フィットテストで調べようとしている面体と顔面との状態を変えてしまうからである。

　フィットテストは，1 年以内ごとに 1 回，定期的に実施し，フィットテストの記録は，3 年間保存しなければならない。

### 3.7　有毒ガス

#### 3.7.1　一酸化炭素に対する防護

　マグ溶接では，シールドガスの二酸化炭素（炭酸ガス）（$CO_2$）が，アーク熱で分解され一酸化炭素（CO）になる。この濃度は，瞬間的に数 100 ppm に達することがあるので，風通しの悪い場所などでは，一酸化炭素中毒に注意する必要がある。

　CO への対応策としては，次がある。

　a) 送気マスクの使用を検討する。

　送気マスクは，作業環境の外から長いホースを通して，呼吸用の空気を送る方式の呼吸用保護具である。大気圧に近い圧力の空気を送るホースマスクと圧縮空気を送るエアラインマスクとがある（**図8** 参照）。

　b) 送気マスクの使用が困難な場合には，作業者の背面に吸気口がある隔離式 PAPR を使用する（**図5**，**図7** および**写**

表5　指定防護係数（溶接作業に関係する種類のみを記載）

| 呼吸用保護具の種類 | | | 半面形面体 | 全面形面体 | フード | フェイスシールド |
|---|---|---|---|---|---|---|
| 防じんマスク | 取替え式 | RL3/RS3 | 10 | 50 | – | – |
| | | RL2/RS2 | 10 | 14 | – | – |
| | | RL1/RS1 | 4 | 4 | – | – |
| | 使い捨て式 | DL3/DS3 | 10 | – | – | – |
| | | DL2/DS2 | 10 | – | – | – |
| | | DL1/DS1 | 4 | – | – | – |
| 電動ファン付き呼吸用保護具（PAPR） | | S級・PL3/PS3 | 50/300[a] | 1000 | 25/1000[a] | 25/300[a] |
| | | S級・PL2/PS2 | – | – | 20 | 20 |
| | | S級・PL1/PS1 | – | – | 11 | 11 |
| | | A級・PL3/PS3 | – | – | 20 | 20 |
| | | A級・PL2/PS2 | 33 | 90 | 20 | 20 |
| | | A級・PL1/PS1 | 14 | 19 | 11 | 11 |
| | | B級・PL3/PS3 | – | – | 11 | 11 |
| | | B級・PL2/PS2 | – | – | 11 | 11 |
| | | B級・PL1/PS1 | 14 | 19 | 11 | 11 |

注 [a] 呼吸用保護具の製造業者による作業場所防護係数または模擬作業場所防護係数の測定結果が，表中の指定防護係数数値以上であることを示す技術資料が提供されている製品だけに適用する。

表6　要求フィットファクタ及び使用できるフィットテスト方法

| 面体の種類 | 要求フィットファクタ | 使用できるフィットテスト方法 | |
|---|---|---|---|
| | | 定性的フィットテスト | 定量的フィットテスト |
| 全面形面体 | 500 | – | ○ |
| 半面形面体 | 100 | ○ | ○ |

半面形面体を用いて定性的フィットテストを行った結果が合格の場合，フィットファクタは 100 以上とみなす。

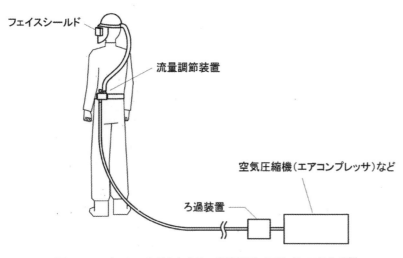

図8　フェイスシールドを有する一定流量形エアラインマスクの例

写真2　フェイスシールドを有する
ルーズフィット形隔離式PAPRの使用例

真2参照）。

　PAPRには，COを除去する能力はない。それにもかかわらず，この方法が可能となるのは，一般に，溶接作業者の後方のCO濃度は，アークのある前方より著しく低くなるからである。したがって，他の作業者の溶接の影響，構造物の影響などによって，PAPRの吸気口付近のCO濃度が高くなるおそれがある場合には，この方法を使用することはできない。この方法では，CO警報装置が必須で，CO警報装置は，PAPRの吸気口付近に装着しなければならない。

　なお，この内容は，厚生労働省の通達「一酸化炭素による労働災害の防止について（要請）」（平成23年7月22日基安化発0722第1号）に基づいている。この方法は，溶接作業以外のCO対策に用いることはできない。

### 3.7.2　その他の有毒ガスに対する防護

　溶接作業でその他の有毒ガスが発生する場合は，送気マスクの使用を検討する。

　発生する有毒ガスの種類が特定でき，その有毒ガスを除去できる吸収缶がある場合は，防毒マスクの使用が可能となる。吸収缶は，溶接ヒュームを捕集するためのろ過材（フィルタ）を内蔵または外付けしたものでなければならない。吸収缶の破過時間（使用可能時間）は，有毒ガスの濃度に依存し，濃度が高くなると短くなることに注意する必要がある。

# 4.　酸素欠乏からの防護

　酸素濃度が18%未満の状態を酸素欠乏という。タンク内などの閉鎖空間での溶接作業では，酸素欠乏に注意する必要がある。

　酸素欠乏のおそれがある場合は，全面形面体を有する送気マスクまたは自給式呼吸器で，指定防護係数が，有害物質の濃度による評価を満たし，かつ，1000以上のものを使用する。

# 5.　有害光からの防護

## 5.1　有害光による障害

　有害光は，人体に影響を与える強い光である。この中には，可視光だけではなく，目に見えない紫外放射（紫外線）および赤外放射（赤外線）がある。特に有害性の高いのは，波長が約200nm～約380nmの紫外放射（紫外線）および可視光のブルーライト（波長：約380nm～約500nm）である。

　紫外放射（紫外線）は，眼と皮膚に対して次の障害を与える。

　眼に対しては，角結膜炎（電気性眼炎）の原因となる。通常，ばく露から数時間後に，眼痛，異物感などの症状が現れ，1日程度で自然消失する。

　皮膚に対しては，皮膚炎（日焼け）の原因となる。重篤な場合には，浮腫（ふしゅ），水疱（すいほう）などができる。

　ブルーライトについては，視力低下などの症状となる光網膜炎が報告されている。

アーク溶接作業者は，有害光に繰り返しばく露されるおそれがあるため，これによって白内障，皮膚がんなどの遅発性障害を発症することに注意しなければならない。

また，近年使用が増えているレーザ溶接では，高いエネルギーのレーザ装置が使用されており，溶接部から散乱されるレーザ光から眼を保護する必要がある。

### 5.2 遮光保護具の種類

#### 5.2.1 溶接用保護面

溶接用保護面は，有害光およびスパッタに対して，顔部並びに頭部および頸部 (けいぶ) の前面を防護することを目的とする保護具である。

溶接用保護面には，ヘルメット形とハンドシールド形の2種類がある (**図9** 参照)。

ヘルメット形は，安全帽と一体化させ，作業に応じて保護面を上下できるものである。

ハンドシールド形は，作業者が手で保持して使用するものである。

溶接用保護面の有害光に対する性能は，取り付けるフィルタプレートによって決まる。適切な性能を得るためには，溶接の種類，条件などを考慮し，**表7** を参考にして適切な遮光度のフィルタプレートを選定する必要がある。

次項で説明する遮光めがねについても，遮光度についての考え方は同様で，適切な遮光度のフィルタレンズを選定する必要がある。

#### 5.2.2 遮光めがね

溶接作業者が，アーク点火時に，溶接用保護面による防護が遅れると，有害光にばく露される危険がある。これに備えて，溶接用保護面の着用と共に遮光めがねを常時着用することが望ましい。このための遮光めがねとしては，スペクタクル形（サイドシールドあり）が適している (**図10** 参照)。遮光度番号は，3程度である。

また，周辺作業者も，常時遮光めがねを着用する必要がある。

#### 5.2.3 自動遮光形溶接用保護具

自動遮光形溶接用保護具のフィルタは，通常は明るい状態であるが，アークが点火すると瞬時に遮光状態となり，アークが停止する元の明るい状態に戻るというものである。

この保護具を使用することによって，アーク点火時の眼の保護は，より確実になる。

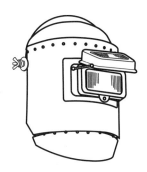

(a) ヘルメット形（安全帽取付けタイプ，開閉式）

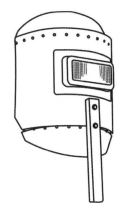

(b) ハンドシールド形（固定式）

**図9 溶接用保護面の例**

**表7 アーク溶接・切断作業におけるフィルタプレートおよびフィルタレンズの使用標準**

| 遮光度番号 | 被覆アーク溶接 溶接電流 (A) | ガスシールドアーク溶接 溶接電流 (A) | アークエアガウジング 使用電流 (A) |
|---|---|---|---|
| 1.2〜3 | 散乱光又は側射光を受ける作業 | | |
| 4 | — | | |
| 5 | 30以下 | | |
| 6 | 30以下 | — | — |
| 7 | 35を超え75まで | | |
| 8 | 35を超え75まで | | |
| 9 | 75を超え200まで | 100以下 | |
| 10 | 75を超え200まで | 100以下 | 125を超え225まで |
| 11 | 75を超え200まで | 100を超え300まで | 125を超え225まで |
| 12 | 200を超え400まで | 100を超え300まで | 225を超え350まで |
| 13 | 200を超え400まで | 300を超え500まで | 225を超え350まで |
| 14 | 400を超えた場合 | 300を超え500まで | 350を超えた場合 |
| 15 | — | 500を超えた場合 | 350を超えた場合 |
| 16 | — | 500を超えた場合 | 350を超えた場合 |

**注記1** 使用環境及び作業者によって，1ランク大きい又は1ランク小さい遮光度番号のフィルタを使用できる。

**注記2** フィルタを2枚重ねることによって，各々の遮光度番号よりも大きな遮光度番号のフィルタとして使用することができる。このときの遮光度番号は，次の式による。

$$N = (n1 + n2) - 1$$

ここに，N：2枚のフィルタを重ねた場合の遮光度番号

n1, n2：各々のフィルタの遮光度番号

例 遮光度番号7のフィルタと遮光度番号4を重ねたものは，遮光度番号10のフィルタに相当する。

$$10 = (7 + 4) - 1$$

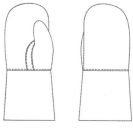

B-1    B-2

**図10 遮光めがね－スペクタクル形（サイドシールドあり）の例**

(a) 2 本指用の例

**図11 自動遮光形溶接用保護具の例**

(b) 3 本指用の例

**表8 溶接用遮光カーテンの種類と特徴**

| 種類 | 色相 | 特徴 |
|---|---|---|
| 1 種 | 淡色系（イエローなど） | ・視認性が高く，遮光性が低い。<br>・作業場の確認など。 |
| 2 種 | 濃色系（ダークグリーン，ブラウンなど） | ・視認性が低く，遮光性が高い。<br>・外部への有害光の遮蔽。 |

(c) 5 本指用の例

**図12 溶接用かわ製保護手袋の例**

自動遮光形溶接用保護具の例を**図11**に示す。

### 5.2.4　レーザ保護めがね

レーザ光による眼の障害は瞬時に発生し，障害を受けた部位によっては，失明する場合もある。

レーザ溶接では，用いられるレーザの大部分がクラス4に分類されることから，その危険度は高く，レーザ装置が運転される作業場では，すべての作業者が，JIS T 8143（レーザ保護フィルタ及びレーザ保護めがね）および JIS C 6802（レーザ製品の安全基準）に適合するレーザ保護めがねを着用しなければならない。

レーザ保護めがねは，レーザの種類，レーザ光の波長，出力，発信形態，作業時間などを考慮して選択する必要がある。選択の際は，レーザ装置の製造業者，レーザ保護めがねの製造業者などに相談することが望ましい。

レーザ保護めがねは，レーザの散乱光からの保護を目的としているので，レーザ保護めがねを着用していてもレーザ光を直視してはならない。

レーザ保護めがねのレンズは，防護できるレーザ光の波長が決まっているので，レーザ装置に適するもの以外を使用してはならない。

### 5.2.5　溶接用かわ製保護手袋

溶接作業では，手の皮膚が露出しないように，溶接用かわ製保護手袋（**図12**参照）などを使用する。

この手袋は，有害光に対してだけでなく，飛散するスパッタ，スラグによる火傷や感電（電撃）の防止にも有効である。

### 5.2.6　溶接用遮光カーテン

溶接用遮光カーテンは，作業者が着用する保護具ではないが，周辺作業者などを有害光から防護する方法として有効であるため合わせて紹介する。

溶接用遮光カーテンの種類と特徴を**表8**に示す。それらの光学特性は，**図13**のとおりである。溶接用遮光カーテンは，その特徴を踏まえて，目的に応じて使い分ける必要がある。

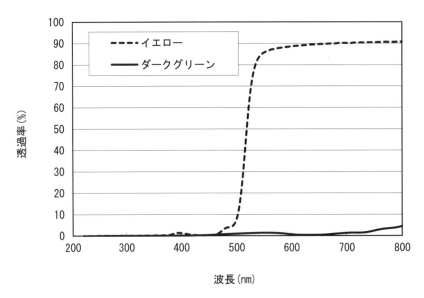

**図13　溶接用遮光カーテンの光学特性の例**

# 6．スパッタおよびスラグからの防護

スパッタおよびスラグは，高温状態のまま飛来するため，眼，顔面，露出した皮膚に衝突すると，穿孔的な熱傷を与えるおそれがある。

高温粒子が露出している眼の角膜に衝突した場合は，角膜表層だけでなく深層部にも損傷を与え，場合によっては，失明につながる。

有害光と共に防護する場合は，溶接用保護面または遮光めがね（サイドシールドあり）を使用し，有害光が問題とならない場合は，保護めがね（サイドシールドあり）を着用する。

皮膚を防護するには，皮膚を露出しないように服装を整えると共に安全帽，安全靴，溶接用かわ製保護手袋，前掛けなどを使用する。

# 7．電撃（感電）からの防護

電撃（感電）による症状は，人体の通電経路，電圧，電流値，身体の置かれている条件などによって異なり，軽いショック程度から激しい苦痛を伴う重いショック，筋肉の硬直，熱傷，血管破壊，神経細胞破壊など，様々である。電撃による死亡の大部分は，即死で，心室細動によるものと見られている。

電撃（感電）を予防するためには，次に留意する必要がある。

a) 絶縁性の安全靴を着用する。

b) 乾燥した溶接用かわ製保護手袋（**図13** 参照）を使用する。破れているもの，濡れているものは使用しない。

c) 作業着は，破れているもの，濡れているものは着用しない。

d) 身体を露出させない。

e) 高所で溶接作業を行う場合は，フルハーネス型の墜落制止用器具を着用し，電撃（感電）などに伴う墜落の二次災害を防止する。

# 8．おわりに

溶接作業の特殊性を考慮すると，作業者の安全と健康を守るためには，保護具に頼らざるを得ないと言える。

保護具は，適切に使用すれば，確実に効果を得ることができるので，今後も，保護具への依存度は増えていくものと思われる。

本稿が，保護具を理解するための参考になれば幸いである。

# 安全保護具

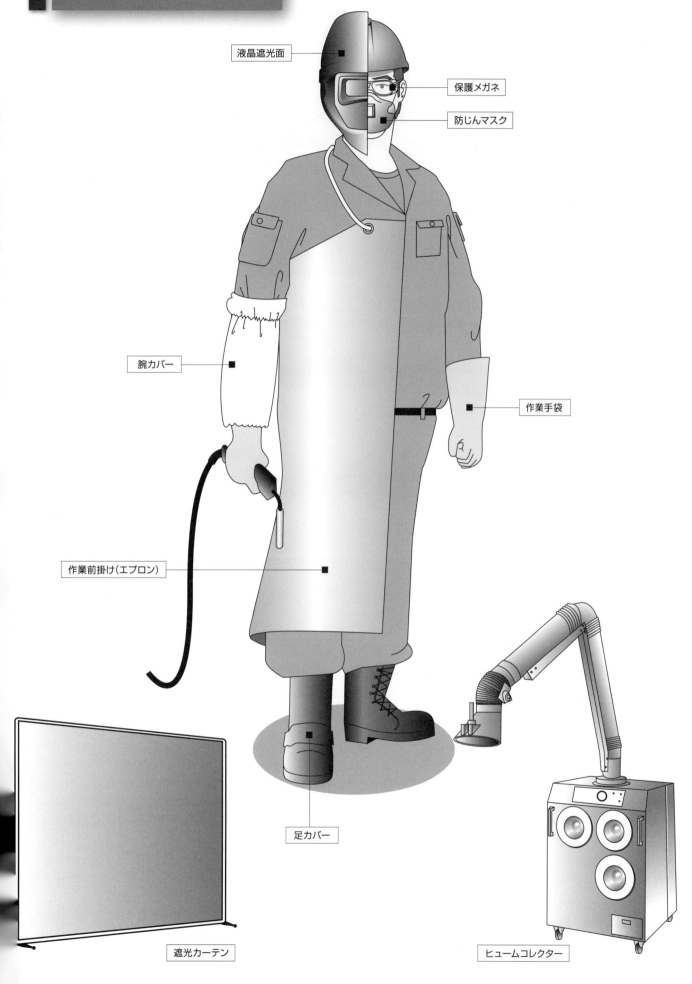

液晶遮光面

保護メガネ

防じんマスク

腕カバー

作業手袋

作業前掛け（エプロン）

足カバー

遮光カーテン

ヒュームコレクター

# 研削砥石の基礎知識

今野 陽菜

日本レヂボン株式会社　営業本部　営業企画部　企画課

## 1．研削砥石について

研削砥石とは，研削研磨加工に使用する回転工具の一種で，広義には切断砥石も研削砥石に含まれる。「砥」の漢字が常用漢字に含まれないため，法令や日本産業規格（JIS）では「研削といし」と表記される。溶接作業との関係は，溶接前には，面取りや開先加工に使用され，溶接後には，余分なビード落としなどの作業に使用される。

研削砥石は，次の三要素で構成されている（**図1**）。

①と粒（グレーン）＝加工物を削る刃物，②結合剤（ボンド）＝刃先を保持するホルダー，③気孔（ポアー）＝切屑の排出を促すためのすき間

高速で回転させる研削砥石は，その構造から周速（※後述）を上げていけば必ず破壊するもので，その取扱いには注意を要し，基礎知識の習得が不可欠である。

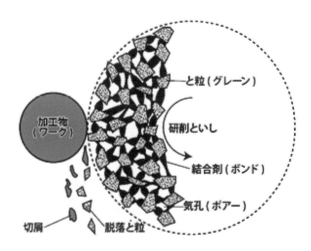

図1　研削砥石の三要素

## 2．研削砥石の特徴について

大きな特徴は，

① 「と粒」は常に加工物より硬い

② 使用中に刃先の減った「と粒」が脱落し，次の新しい「と粒」が現れる。これを連続して繰り返す（この現象を「自生（発刃）作用」という）

③ 切り込みが小さいので加工物の仕上り状態がきれいである

④ 刃先が無数にあり研削速度が速いので，切り込みが小さいわりには高能率で加工できる

⑤ 加工中の熱は大部分が加工物に吸収される

などである。安全上，特に重要な項目は②と④で，自生（発刃）作用とは研削砥石の局部的な破壊現象であり，研削砥石は徐々に壊れて刃先が再生するから削れるのである。安全なくして高能率研削はあり得ず，高速研削や超重研削などの研削技術も，こうした基礎の上に成り立っている。

## 3．種類と表示方法について

研削砥石を使用する研削盤には非常に多くの種類がある。研削方法には，研削盤や加工物を手に持って研削量を制御する「自由研削」，研削砥石を固定して機械的に制御する「機械研削」がある。一般的に自由研削で使用されるのは両頭グラインダとアングルグラインダ（**写真1**）である。切断砥石を使用する切断機も自由研削に含まれる。研削盤の種類に応じて研削砥石の形状，寸法および最高使用周速度が異なるため，さらに加工物の材質や研削条件によって仕様を変えるため，その種類は多岐にわたる。近年では，製造現場における働き方の改革や充電式の研削盤の普及が進んだため低負荷かつ高効率で作業できる研削砥石が好まれており，また最近のトピックとして，ワンタッチ取付けの X-LOCK

写真1　アングルグラインダとオフセット形研削砥石

1号平形研削といし

27号オフセット形研削といし

41号平形切断といし

図2　研削砥石の形状

システムを採用したアングルグラインダや専用砥石の登場が挙げられる。

研削砥石の表示方法は，研削盤等構造規格および JIS により統一されている。

### ①形状

代表的な研削砥石の形状（**図2**）には，「1号平形研削といし」「27号オフセット形研削といし」「41号平形切断といし」があり，それぞれ研削や切断に使用できる使用面が決められ，法令により使用面以外の使用が禁止されている。

### ②寸法

研削砥石の寸法は，一部の特殊な形状を除いて，外径（㎜）×厚さ（㎜）×孔径（㎜）の順序で表示するのが一般的である。

### ③と粒（と材，研削材）

と粒は大きく分けて，一般鋼・工具鋼などの鉄系金属に適するアルミナ質研削材（記号A）と，重研削に適するアルミナジルコニア質研削材（記号Z）と，アルミ・銅・超硬合金などの非鉄系金属やガラス・石材などの非金属に適する炭化けい素質研削材（記号C）が使用される（**表1**）。表示には研削材記号を使用する場合もある。また，複数の種類が混合された場合は「A/WA」のように複数を記載する。

表1　研削材の種類

| 種　　類 | 砥石表示記号 | 名　　称 | 研削材記号 | 硬さ及びじん性 |
|---|---|---|---|---|
| 炭化けい素質研削材 | C | 緑色炭化けい素研削材 | GC | 硬　　　　　低 |
| | | 黒色炭化けい素研削材 | C | |
| アルミナ質研削材 | A | 白色アルミナ研削材 | WA | 硬さ　じん性 |
| | | 褐色アルミナ研削材 | A | |
| | | 解砕形アルミナ研削材 | HA | |
| アルミナジルコニア質研削材 | Z | アルミナジルコニア研削材 | AZ | 軟　　　　　高 |

### ④粒度

と粒の大きさを表す数値。その数値は小さいほど粗く，大きいほど細かい。粗いと粒で加工すると深く切り込み，細かいと粒だと加工面の凹凸は小さくなる。また粒度が粗いほど機械的強度は低くなる。

### ⑤結合度（硬度）

と粒同士の保持の強弱の度合いで，アルファベットで表し，Aに近いほど軟らかい。一般に硬い加工物には軟らかい結合度を，軟らかい加工物には硬い結合度を用いる。また結合度が軟らかいほど機械的強度は低くなる。

### ⑥組織

と粒率とは，研削砥石全体に占めると粒の容積比率をいい，組織の数字が小さいほどと粒率が高く，大きいほどと粒率が低い構造である。組織の数字が非常に大きい多孔性砥石（ポーラス砥石）は，強度は低いが目づまりや研削焼けを起こしにくいという長所がある。

### ⑦結合剤

と粒同士を結びつけている結合剤の種類には，ビトリファイド（記号 V），レジノイド（B），繊維補強付レジノイド（BF），ゴム（R），マグネシア（MG），セラック（E）がある。なかでもビトリファイド結合剤とレジノイド結合剤は，広範囲な用途に用いられる。ビトリファイド結合剤は，1200 ～ 1350℃で焼成する。ガラス質で最も化学的に安定した性質を持っており，主に機械研削で使用されるが，衝撃・急熱・急冷に弱く取扱いには細心の注意が必要である。レジノイド結合剤は，フェノール樹脂を始めとした熱硬化性合成樹脂を約 200℃で硬化させる。従来の自由研削・粗研削だけでなく，機械研削の分野の一部でも用いられているが，水分や高熱に弱い性質があり湿気のない乾燥した環境での保管が必要である。

# 4．安全性について

研削砥石には安全性を確保するために必ず最高使用周速度が定められている。また側面を使用する「オフセット形研削といし」には衝撃値の基準が設けられている。その他にも平衡度や耐水性には注意が必要である。

### ①最高使用周速度

周速度とは外周の 1 点が 1 秒間に移動する距離で，研削砥石が安全に使用できる最高限度を最高使用周速度と呼び，毎秒何メートル（m/s）の単位で表し，研削砥石にはその表示が義務付けられている。最高使用周速度は安全上絶対に守る必要があり，これを超えての使用は法令で禁止されている。安全に影響する最大要因は回転遠心力に起因する内部応力で，最高使用周速度を超えた周速度に上昇させると，内部応力の増大により破壊する。研削盤に定められた以上の外径の研削砥石の使用は周速度がより速くなるので注意が必要である。

周速度に似た概念で回転速度または回転数がある。これは研削盤に表示が義務付けられている値で，中心軸が 1 分間に回転する回数を示し，毎分何回転（min$^{-1}$ または rpm）の単位で表す（**図3**）。以下が周速度と回転速度の換算式である。

周速度（m/s）＝

研削砥石の外径（mm）×円周率（3.14…）×回転速度（min$^{-1}$）÷ 60,000

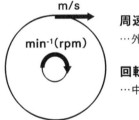

**周速度：【単位】m/s**
…外周部が1秒間に移動する距離

**回転速度：【単位】min$^{-1}$（rpm）**
…中心軸が1分間に回転する回数

**図3　周速度と回転速度の違い**

### ②衝撃値

主として側面を使用する「オフセット形研削といし」は，側面に対する衝撃試験を行い，その衝撃値で規制されている。レジノイド結合剤を使用した「オフセット形研削といし」は安全性を高めるために一般的にガラス繊維で補強されている。

### ③平衡度（バランス）

研削砥石の静的不平衡の程度をいい，平衡度が悪いと振動や片減りを起こし，加工物の仕上げ精度が悪くなるだけでなく，極端な場合は破壊原因になる。「平形研削といし」を使用する両頭グラインダには平衡度を調整するバランシング機能があるが，アングルグラインダや切断機は調整機能がないので，振動の多い研削砥石は使用を控えるべきである。

### ④耐水性

湿気に弱いレジノイド結合剤を使用した研削砥石は，機械研削では，研削液を使用することが多いので耐水性を考慮して最高使用周速度が決められている。自由研削では，乾式で使用するため耐水性は考慮されていないので，雨ざらしなど保管状態の悪い研削砥石は使用するべきではない。

### ⑤研削砥石の摩耗状態

と粒が加工物に引っ掛かり摩耗したら脱落していく理想的な研削状態である「正常形」に対し，と粒の脱落が早過ぎて削れない状態を「目こぼれ形」，切屑が気孔中に詰まって削れない状態を「目づまり形」，と粒が摩耗し刃先を失い削

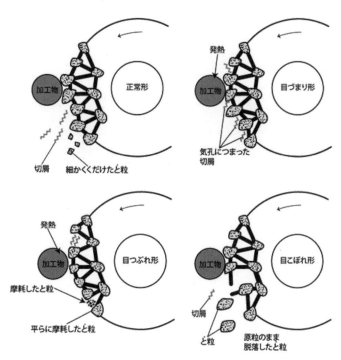

**図4　研削砥石の摩耗状態**

れない状態を「目つぶれ形」と呼ぶ（**図4**）。このような状態では，と粒の種類や粒度，結合度を正しく選定し直す必要がある。

# 5．事故防止のための注意点

研削砥石の取扱いには，次の三原則がある。
①ころがすな
②落すな
③ぶつけるな

研削砥石は，すべて割れる可能性がある。特にビトリファイド結合剤を使用した研削砥石は，落下や衝撃だけでなく，転倒だけでも割れやひびが入ることがある。一般的にビトリファイド結合剤より強いレジノイド結合剤も強い衝撃が加わることで割れることがある。したがって安全のためには，研削砥石はガラスを扱うように十分注意し取り扱わなければならない。

# 6．特別教育について

『研削といしの取替え又は取替え時の試運転の業務』は厚生労働省令により「危険又は有害な業務」に指定されている（安衛則第36条）。事業者は労働者を厚生労働省令で定める「危険又は有害な業務」に従事させるときは，一般の安全衛生教育ばかりでなく当該業務に関する特別教育の実施（安衛法第59条）が義務付けられている。多くの場合，研削砥石の使用者が取替えや試運転を行っているため，実質的には使用者に対する教育である。特別教育の内容は，安全衛生特別教育規程で定められ，『自由研削用といしの取替え又は取替え時の試運転の業務に係る特別教育』は，学科教育4時間以上と実技教育2時間以上，『機械研削用といしの取替え又は取替え時の試運転の業務に係る特別教育』は，学科教育7時間以上と実技教育3時間以上である。

以下に重要な関係法令を抜粋する。

# 7．関係法令の抜粋

◎労働安全衛生法（抄）（昭和47年法律第57号）

第5章　機械等並びに危険物および有害物に関する規制

（譲渡等の制限等）

第42条　特定機械等以外の機械等で，別表第2に掲げるものその他危険若しくは有害な作業を必要とするもの，危険な場所において使用するもの又は危険若しくは健康障害を防止するため使用するもののうち，政令で定めるものは，厚生労働大臣が定める規格又は安全装置を具備しなければ，譲渡し，貸与し，又は設置してはならない。


第6章　労働者の就業に当たっての措置

（安全衛生教育）

第59条

①，②（略）

③事業者は，危険又は有害な業務で，厚生労働省令で定めるものに労働者をつかせるときは，厚生労働省令で定めるところにより，当該業務に関する安全又は衛生のための特別の教育を行なわなければならない。


◎労働安全衛生法施行令（抄）（昭和47年政令第318号）

（厚生労働大臣が定める規格又は安全装置を具備すべき機械等）

第13条

①，②（略）

③法第42条の政令で定める機械等は，次に掲げる機械等（本邦の地域内で使用されないことが明らかな場合を除く。）とする。

1（略）

2　研削盤，研削といしおよび研削といしの覆（おお）い

3～34（略）

④，⑤（略）


◎労働安全衛生規則（抄）（昭和47年労働省令第32号）

第1編　通則

第3章　機械並びに危険物および有害物に関する規制

第1節　機械等に関する規制

（規格に適合した機械等の使用）

第27条　事業者は，法別表第2に掲げる機械等および令第13条第3項各号に掲げる機械等については，法第42条の厚生労働大臣が定める規格又は安全装置を具備したものでなければ，使用してはならない。

（安全装置等の有効保持）

第28条　事業者は，法およびこれに基づく命令に設けた安全装置，覆（おお）い，囲い等（以下「安全装置等」という。）が有効な状態で使用されるようそれらの点検および整備を行わなければならない。

第4章　安全衛生教育

（特別教育を必要とする業務）

第36条　法第59条第3項の厚生労働省令で定める危険又は有害な業務は次のとおりとする。

1　研削といしの取替え又は取替え時の試運転の業務

2～41（略）


第2編　安全基準

第1章　機械による危険の防止

第2節　工作機械

（研削といしの覆（おお）い）

第117条　事業者は，回転中の研削といしが労働者に危険を及ぼすおそれのあるときは，覆（おお）いを設けなければならない。ただし，直径が50ミリメートル未満の研削といしについては，この限りではない。

（研削といしの試運転）

第118条　事業者は，研削といしについては，その日の作業を開始する前には1分間以上，研削といしを取り替えたときには3分間以上試運転をしなければならない。

（研削といしの最高使用周速度をこえる使用の禁止）

第119条　事業者は，研削といしについては，その最高使用周速度をこえて使用してはならない。

（研削といしの側面使用の禁止）

第120条　事業者は，側面を使用することを目的とする研削といし以外の研削といしの側面を使用してはならない。


安全衛生特別教育規程（昭和47年労働省告示第92号）

（研削といしの取替え等の業務に係る特別教育）

第1条　労働安全衛生規則（以下「安衛則」という。）第36条第1号に掲げる業務のうち機械研削用といしの取替え又は取替え時の試運転の業務に係る労働安全衛生法（昭和47年法律第57号。以下「法」という。）第59条第3項の特別の教育（以下「特別教育」という。）は，学科教育および実技教育により行なうものとする。

②前項の学科教育は，次の表の上欄（編注・左欄）に掲げる科目に応じ，それぞれ，同表の中欄に掲げる範囲について同表の下欄（編注・右欄）に掲げる時間以上行なうものとする。

| 科目 | 範囲 | 時間 |
|---|---|---|
| 機械研削用研削盤，機械研削用といし，取付け具等に関する知識 | 機械研削用研削盤の種類及び構造並びにその取扱い方法　機械研削用といしの種類，構成，表示及び安全度並びにその取扱い方法　取付け具　覆（おお）い　保護具　研削液 | 4時間 |
| 機械研削用といしの取付け方法及び試運転の方法に関する知識 | 機械研削用研削盤と機械研削用といしとの適合確認　機械研削用といしの外観検査及び打音検査　取付け具の締付け方法及び締付け力　バランスの取り方　試運転の方法 | 2時間 |
| 関係法令 | 法，労働安全衛生法施行令（昭和47年政令第318号。以下「令」という。）及び安衛則中の関係条項 | 1時間 |

③第1項の実技教育は，機械研削用といしの取付け方法および試運転の方法について，3時間以上行なうものとする。


第2条　安衛則第36条第1号に掲げる業務のうち自由研削用といしの取替え又は取替え時の試運転の業務に係る特別教育は，学科教育および実技教育により行なうものとする。

②前項の学科教育は，次の表の上欄（編注・左欄）に掲げる科目に応じ，それぞれ，同表の中欄に掲げる範囲について同表の下欄（編注・右欄）に掲げる時間以上行なうものとする。

| 科目 | 範囲 | 時間 |
|---|---|---|
| 自由研削用研削盤自由研削用といし取付け具等に関する知識 | 自由研削用研削盤の種類及び構造並びにその取扱い方法　自由研削用といしの種類，構成，表示及び安全度並びにその取扱い方法　取付け具　覆（おお）い　保護具 | 2時間 |
| 自由研削用といしの取付け方法及び試運転の方法に関する知識 | 自由研削用研削盤と自由研削用といしとの適合確認　自由研削用といしの外観検査及び打音検査　取付け具の締付け方法及び締付け力　バランスの取り方　試運転の方法 | 1時間 |
| 関係法令 | 法，令及び安衛則中の関係条項 | 1時間 |

③第1項の実技教育は，自由研削用といしの取付け方法および試運転の方法について，2時間以上行なうものとする。


◎研削盤等構造規格（抄）（昭和46年労働省告示第8号）

第1章　研削盤

（研削といし）

第1条　研削盤に取り付ける研削といしは，第7条から第14条までに定める規格に適合したものでなければならない。

第2章　研削といし等

（最高使用周速度）

第7条　研削といしは，次条および第9条の規定により最高使用周速度が定められているものでなければならない。

（平形といし等の最高使用周速度）

第8条　研削といしのうち，平形といし，オフセット形といし（弾性といしを含む。第13条を除き，以下同じ。）および切断といしの最高使用周速度は，当該といしの作成に必要な結合剤により作成したモデルといしについて破壊回転試験を行なつて定めたものでなければならない。

②〜⑤（略）

（回転試験）

第10条　直径が100ミリメートル以上の研削といしについては，ロットごとに当該研削といしの最高使用周速度に1.5を乗じた速度による回転試験を行なわなければならない。

②，③（略）

（衝撃試験）

第13条　オフセット形といし（弾性といしを除く。以下，本条において同じ。）は，同一規格の製品ごとに衝撃試験を行わなければならない。

②〜⑤（略）

第4章　雑則

（表示）

第29条　研削盤は，見やすい箇所に次の各号に掲げる事項が表示されているものでなければならない。

1　製造者名

2　製造年月

3　定格電圧

4　無負荷回転速度

5　使用できる研削といしの直径，厚さおよび穴径

6　研削といしの回転方向

②研削といしは，製造者名，結合剤の種類および最高使用周速度が表示されているものでなければならない。

③前項の規程にかかわらず，直径が75ミリメートル未満の研削といしは，最小包装単位ごとに表示することができる。

④覆（おお）いは，使用できる研削といしの最高使用周速度，厚さおよび直径が表示されているものでなければならない。

　参考文献としては，中央労働災害防止協会発行『グラインダ安全必携＝研削といしの取替え・試運転関係特別教育用テキスト』があるので，ご一読願いたい。

# 電動工具の基礎知識

吉沢 昌二

ボッシュ株式会社　電動工具事業部　トレーニンググループ

## 1．電動工具（コード式）の基本構造

　電動工具には100Vのコンセントから電源を取るコード式と，電池の力で動かすバッテリー式の2種類がある。これらの電動工具を販売していくうえにおいては，まず，それぞれの基本的な構造について理解しておく必要がある。

　まずコード式の電動工具は，100V電源から送られる電気によって中に組み込まれているモーターが動き，様々な作業を行う。しかし，いくら電気が100%通っていても，仕事量としては100%の力を発揮することはできない。なぜなら，電気によってモーターが回転力に換わるとき，発熱したり，音が出たりするほか，発熱を抑える冷却機能が働くなどして，エネルギーを約30%ロスしてしまうためである。さらに削る，磨くなどの作業を行う際に発生するギアの摩擦抵抗が約10%加わるため，いくら最高に効率の良い電動工具を使用したとしても，最大で約60%の力しか発揮できないということになる。

　ここで覚えておいてほしいポイントは，「最高に良い環境で，最高に良い電動工具を使用した時でさえ作業効率としては約60%の力しか発揮できない」ということである。

　皆さんが担当されているユーザーの職場環境はいかがだろうか。例えば，遠いところから近くに電源を持ってくるために使用される電工ドラムは，コードをぐるぐる巻きのまま使用されているケースが多いと思われる。これはコイルをぐるぐる巻いているモーターと同じ状態にあり，電圧降下が起きるほか，時には発熱して機械の故障の原因にもなりかねない。このような環境下で電動工具を使用すると，作業効率は60%をはるかに下回ってしまう。

　そこでまず，ユーザーに対しては電動工具を売る前に，作業効率の改善から提案していくことを心がけていただきたい。そうすることで，電動工具は最大限の力を発揮でき，ユーザーのお役に立てるのである。

## 2．電動工具の冷却

　作業効率を改善するために重要なポイントの一つとして，「モーターを冷却する」という対策が挙げられる。電動工具にはあらかじめモーターを冷却するためのファンが内蔵されており，モーターと同じ回転数で回転することによって外部から空気を取り込み，内部を冷却する仕組みになっている（**図1**）。ここでチェックしていただきたいポイントは，

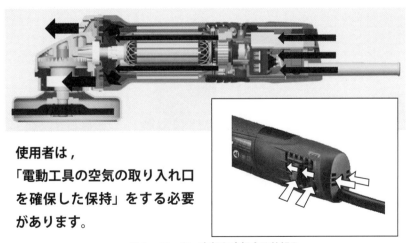

使用者は，

「電動工具の空気の取り入れ口を確保した保持」をする必要があります。

**図1　モーター内部を冷却する仕組み**

ユーザーが空気取り入れ口を確保した状態で使用されているかどうかということである。空気取り入れ口は通常，本体の後部に設けられている，ここをふさいだ状態で使用してしまうと空気が取り込めず冷却できないため，結果として作業効率が悪くなってしまう。

しかし，いくら空気取り入れ口を確保して作業していても，大きな負荷がかかる作業や長時間の連続運転などで電動工具が熱くなる場合がある。そのような相談を受けたときは「冷ましてください」とアドバイスするのだが，どうすればよいのかわからないユーザーもおられ，中には「冷蔵庫で冷やせば良いのか」という方も過去にはいらっしゃった。

それよりも効率よく冷やす方法がある。それは「無負荷の状態で100％の回転数にして，空気の取り入れ口・排出口をふさがずに本体の冷却ファンを回して冷却する」という方法である。すなわち，空回し。こうすることで従来，電動工具自身が持っている冷却能力を最大限に発揮することができる。いくら熱くなった電動工具でも時間にすれば2分くらいあれば十分冷却できるので，現場等でそのようなシーンに出くわしたときは是非ともアドバイスしてあげていただきたい。

# 3．バッテリー工具

バッテリー工具は電源が文字通り充電式のバッテリーで，メーカーによってはコードレス工具・充電工具などと呼ぶケースもある（**図2**）。現在，バッテリーの主流はリチウムイオン電池となっている。リチウムイオン電池は充電管理が容易で，高エネルギーかつ高密度で小型・軽量で効率が非常に良い特徴を持っているからである。

バッテリー工具のモーターは直流式のモーターを採用しているので，低回転でも非常に大きなトルクを持っているのが特徴である。電気自動車の出足が非常に速いのもそのため。バッテリー工具はこうしたパワーに加え，エネルギー変換効率が高く，取り回しが良いことから，あらゆる職種で使用されるようになってきた。

現在の電動工具の販売構成比でいうと，バッテリー工具はすでに70％に達している。電圧は10.8～36Vまでたくさん発売されているが，主力は18Vクラスのコードレス工具で，工事現場などではコード式工具にとって代わっている。また，100V・15Aという制約のあるコード式工具を上回るパワーを持つ製品も登場している。

**図2　バッテリー工具**

バッテリー工具はモーターの発熱量が少ない上，移動して作業する使い方が多いため，発熱することは稀だと思うが，万が一，熱くなってしまった場合は，コード式工具と同様に無負荷運転をしていただくようアドバイスしてほしい。

# 4．ディスクグラインダーを提案する

砥石をセットして切る，磨く，削るといった作業を行うディスクグラインダーは，ものづくり現場のあらゆるシーンで活用されている。そのディスクグラインダーに対するユーザーニーズを当社が調べたところ，「性能」はもちろんのこと，それと同じくらい「安全性」に対する要求が強いということがわかった。特に「安全性」については，操作性に

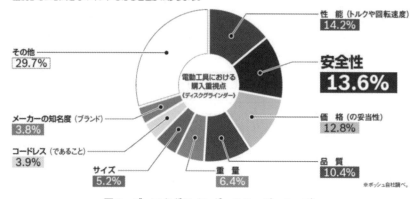

**図3　ディスクグラインダーのユーザーニーズ**

かかわる「重量」・「サイズ」より重要視されているのが実情である（**図3**）。

　砥石外周上の1点が1秒間に進む速さのことを「周速度」というが，「毎分40メートルの周速度」とは一体，どれくらいの速さかご理解いただけるだろうか。実はこれを時速に換算すると，200km/hを超えている。この速度で刃物が回転しているのだから，安全面に神経を遣うのはもっともなことだと言える。

　そのため，ディスクグラインダーを使用する際には安全性を確保するための法令が定められている。それは，①事業者は砥石の交換・試運転について特別教育を受けた人に行わせる②試運転（無負荷で製品の最大回転で回す）は砥石交換時3分間以上，作業開始時1分間以上を行う③ディスクグラインダーで金属切断用砥石を使用する場合，切断砥石の両面を180度以上，カバーで覆う——といった内容である。もし，これらの法令を無視し，例えばカバーを外した状態で販売して事故が起こったとすると，販売した人が賠償責任を負う可能性もあるので注意してほしい。

　なお，この法令は国内に限ったことではあるが，海外ではより厳しい安全対策（国際規格）が求められている。例えば保護カバーについては「万一，保護カバーの位置がずれてしまう場合，90度以内になること」，「スイッチをON保持状態にするためには異なる2アクションを必要とし，OFFにする際には1アクションでできる」などであるが，ヨーロッパの一部の国では「使用者がスイッチ部を保持していない限り作動しない安全な構造でなくてはならない」という機械構造に対して厳しい要求の国も出てきている。

# 5．ディスクグラインダーのトラブル

　ディスクグラインダーは機械の性質上，使用する現場で様々なトラブルが発生する。例えば作業中に砥石が何らかの理由で破損した場合，保護カバーが動いて砥石が飛散してしまうケースがあるので，ユーザーにはグラインダー作業の前方はなるべく広いスペースをとっていただくことを勧めてほしい。また，切断砥石で切断作業中，材料に砥石が挟まれ，大きな反動が来る「キックバック」や，ほかの作業者が電源を勝手に抜き差しすることによって起こる突然停止，突然始動も大きな事故につながりかねない。突然，電源が入るとグラインダーが暴れてコードが切断されたり，場合によっては足にも当たる可能性があるので注意が必要だ。このような危ない場面を見かけた場合，ユーザーに注意を喚起していくことも，営業マンとして非常に重要なことだと言える。

　このようにディスクグラインダー作業における安全性の確保は，電動工具業界にとっても大きなテーマの一つとなっている。過去は厚生労働省指導のもと，直接的な事故事例から対応策がとられてきたが，現在では蓄積される疲労による健康被害を防ごうという取り組みも業界を挙げて取り組んでいるところだ。

　電動工具は，持ち手を通じて身体に振動が伝わる。これが長時間続くと，健康に障害をきたす可能性がある。代表的な例として「白蝋病」（はくろうびょう）が挙げられる。白蝋病は発症すると指先の毛細血管が麻痺して血流が悪くなり，文字通り指が蝋（ろう）のようになることから命名された。昭和40年代に林業の労働者で多発したことでも有名な病である。そのような健康被害から守るために電動工具についても，メーカー各社が「振動3軸合成値」という数値を算出し，それをカタログ等で明記することになった。振動3軸合成値を定められた数式に当てはめると，1日当たりの振動ばく露量を割り出すことができるため，雇用者が従業員の健康管理をするうえで非常に有効となる。ユーザーから問い合わせがあった際は，カタログをめくって教示してほしい。

# 6．ディスクグラインダーのトレンド

　最近は生産性の向上はもとより，高齢化社会に対応し，作業者の安全対策が大きなトレンドである。そのため，ディスクグラインダーでは安全対策機能を組み込んだ製品が増えてきている。複数の作業者が近くで作業する環境において，人的ミスからの事故を回避する機能として再始動防止機能を装備する製品，また切断作業で発生するキックバックに対してセンサー技術で製品を制御する機能を装備した製品が増加している。また近年では，安全のためスイッチの位置が常時保持する本体ボディ部に配置するデザインになってきている。

　前述した振動ばく露量を少なくするためには，効率よく作業を終えることが理想となる。ディスクグラインダーで使用する砥石は，言うまでもなく使用するほど径が小さくなっていくが，径が小さくなると，グラインダーの回転するスピード，すなわち周速が落ちていく。そうなると比例して作業効率が落ちるのは当然のことである。しかし，径の大きな砥石の方が効率は良いため，ユーザーはできるだけ大きな径の砥石を使用したいというのが本音だと思われる。

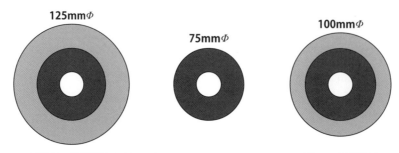

125mm の砥石の作業量は 2,681cm²　　　　100mm の砥石の作業量は 1,275cm²

**図4　グラインダーの作業性**

そこで，外径 180mm の砥石を使って作業して，125mm まで径が小さくなった場合を考えてみよう。当然，それまで行っていた作業の効率はかなり下がるが，小さくなった砥石を別の用途で使用することは可能である。しかし，本体が大きすぎるため，125mm に適した狭い場所等での作業は不向きだと言える。

そのため，最近では 100mm クラスのコンパクトボディーであるにも関わらず，125mm の砥石が取り付けられるディスクグラインダーが登場し，脚光を浴び始めてきた。例えば外径 125mm になった砥石を 75mm まで使用した場合，作業量（使用した面積）は 2681cm² なのに対し，100mm の砥石で 75mm まで使用すると，作業量は 1275cm² と実に半分以下となる（**図4**）。つまり，125mm の砥石で作業すれば交換頻度が下がり，ランニングコストを大きく低減させることができるのである。本体の価格は 100mm 専用機に比べて若干高くなるが，最も高い人件費に対して，「生産性のない砥石の交換作業に費やす時間を削減する」という省力化の提案をしていただければ必ず売れるし，またユーザーにも喜んでいただけるはずだ。

# 7．提案で売れるディスクグラインダー

ディスクグラインダーには，他の電動工具には使われない「最大出力」という数値がある。測定方法の規則がないので，理解に苦しむところではあるが，一般的に最大出力とは，連続ではない負荷で作業できる最大のパワーのことを指す。この数値が大きいほど，大きな負荷がかかっても作業に十分な回転数を維持することができる。ちなみにディスクグラインダーの作業で最も負荷がかかるのは，ワークに接触する面積の多い研磨作業である（**図5**）。

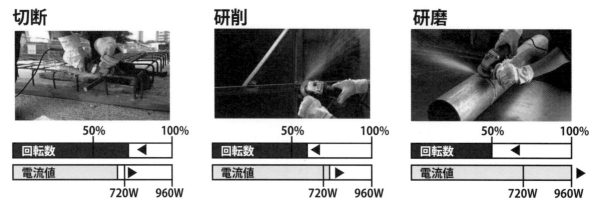

**図5　ディスクグラインダーの負荷（入力720W、最大出力960Wの製品例）**

またディスクグラインダーには，「低回転・高トルク型」というタイプがある。ディスクグラインダーに無理をかけても回転数が落ちにくいため，フラップディスク（多羽根）での金属表面仕上げ作業やカップワイヤーブラシでの表面クリーニング作業，コンクリートの切り込み作業など重作業に最適である。

さらに「回転数変速式」は回転数を下げることで接触面の速度が下がり，対象物の温度上昇を抑えることができるため，ステンレス溶接面の仕上げ作業（焼けによる変色を発生させない），3mm 以下の薄い金属板の仕上げ作業（熱変形を防ぐ），素材表面の鏡面仕上げ作業など，回転数を下げる作業が必要なユーザーに有効である。

図6-1　２モーションスイッチ　　　　　　　図6-2　パドルスイッチ

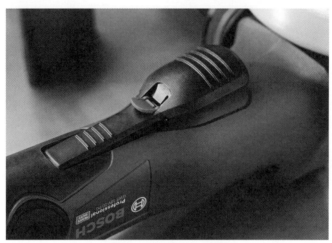

図6-3　パドルスイッチ部

# 8．ニーズ高まる作業プロセスの省力化・効率化

　電動工具では長い歴史を持つディスクグラインダーだが，消耗品である砥石などの先端工具の交換作業のプロセスは，製品が誕生して以来同じであった。ドリルなどでは，先端工具の交換においてチャックハンドル（チャックキー）を使用していたものが，現在は道具を使わない「キーレスチャック」式へ進化し，作業の準備に要するプロセスの省力化が標準になった。

　ディスクグラインダーではこれまで，このような改善がなかったが，2019年に旧来のスパナや固定ナットによる先端工具の固定方法から，工具不要のワンタッチで砥石を取り外すことができる「X-Lock」方式が誕生。これによって作業準備のプロセス省力化と，作業後の速やかな砥石の停止を行うブレーキが装備できるようになり，ディスクグラインダーを使う工程の省力化が具現化できた。

　安全に対しては，使用者が瞬時にディスクグラインダーのスイッチを切断するために，使用中に常時保持する位置にスイッチを配置し触れるだけで解除できるスライドスイッチや，保持するボディの外周部に大きく露出したパドルスイッチなどが登場。安全に配慮したスイッチ形状は多岐にわたるようになっている（図6-1，2，3）。

　このように，電動工具はカタログだけでなく，ユーザーの求めているニーズに対し的確に提案することで，さらなる拡販が見込める商材だと言える。

　是非とも多くの顧客が使用する道具なので，最も重要な「作業者の安全対策」と「作業プロセスの省力化・効率化」を重点的に顧客に提案し，信頼強化に利用していただきたい。

これも知っておきたい
基礎知識

# 溶接ジグ機械　編

### 堀江　健一
マツモト機械株式会社

アーク溶接をするために，溶接機・トーチ・溶接ワイヤ・シールドガスを用意した。溶接を自動化するために，これら以外に必要な道具は何が考えられるか。品質維持や作業効率アップを目指すため，溶接を自動化しようとすると必ず溶接ジグ機械の導入が必要となる。今回は，溶接ジグ機械にどのようなものがあるかを説明する。

溶接を自動化するためのジグ機械の中で，汎用的な製品を**表1**にまとめる。いろいろな種類の溶接ジグ機械があり，これらの機械を用いて，溶接作業の自動化・高能率化を目指す。

溶接の種類は，「円周溶接」「直線溶接」「ロボットを用いた溶接」の3種類に大別される。まずは，円周溶接に必要な回転ジグ機械から説明していく。

ポジショナー（**写真1**）は，「パイプとパイプ」や「パイプとフランジ」などの円周溶接を施工するときに用いられる。

ワークは，ポジショナーのテーブル上にチャックなどで固定する。ポジショナーはテーブルの回転および傾斜機構を備えているので，任意の溶接姿勢を得られる。例えば，パイプとフランジのすみ肉部の円周溶接を施工する場合，テーブルを傾斜させることにより，トーチが下向きという最適な溶接姿勢が容易に得られる。

標準仕様は足踏みスイッチによる回転動作であるが，リミットスイッチやロータリーエンコーダーなどを取り付けて溶接終了位置を検知させ，一回転の円周溶接を自動化することができる。

ポジショナーには，様々な機種がある。ワークの形状，寸法，重量，重心偏心，重心高さや溶接条件などを考慮して，ワークに最適なポジショナーを選択する必要がある。

円周溶接用ではなくワークの位置決め用として，EV3軸ポジショナー（**写真2**）がある。このポジショナーは，昇降軸，傾斜軸，回転軸から構成されている。3軸ともモータ駆動で，かつインバータ制御しているので，滑らかな起動・停止動作が可能となっている。大型ワークの場合，クレーンなどで姿勢を変えるのは非常に危険な作業である。

EV3軸ポジショナーを用いると，安全かつスムーズに溶接ワークの位置決めが可能となり，溶接に最適な姿勢を容易に得ることができる。また，ティーチング位置決め機能を付加させると，あらかじめ作業順序通りにテーブルの停止位置を設定・記憶させ，1ステップボタンを押すごとに記憶させた作業位置を再生することができる。この機能により，溶接忘れの防止など作業効率アップにつなげることができる。

これ以外に，2軸中空ポジショナーという回転ジグ機械もある。これは，傾斜軸と回転軸の2軸を要したポジショナー

**表1　主な溶接ジグ装置**

| 回転治具機械 | ポジショナー、EV3軸ポジショナー、ターニングロール |
| | 2軸中空ポジショナー、パイプローラー、オープンチャック、 |
| 直線機械、走行台車 | マニプレーター、エアークランプシーマ、汎用直線溶接ロボット |
| | 溶接走行台車（レール走行式、自走式）　など |
| 溶接関連機器 | トーチスタンド、溶接連動制御システム、溶接チャック |
| | 溶接線倣い機械、ウィービング機械、ワイヤ矯正機械 |
| ロボット関連機器 | 溶接ロボット用ノズルクリーナー、ロボット用ポジショナー |
| 環境対策機器 | 溶接ヒューム回収機械　など |

写真1　ポジショナー

写真2　EV3軸ポジショナー

写真3　ターニングロール

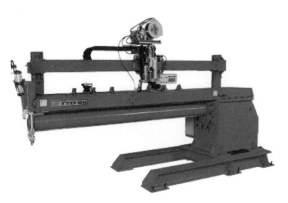

写真4　エアークランプシーマ

写真5　溶接ヒューム回収装置

である。チャック部分が中空になっていることが一番の特徴である。パイプフランジの円周溶接をする際，ほとんどの場合においてワークをチャックから取り外すことなく，一度のチャッキングで内面と外面の両方の円周溶接をすることが可能である。

　タンクなどの大径ワークを回転させるためにターニングロール（**写真3**）がある。タンクやパイプ，大型円筒型ワークの溶接，切断などの作業に用いられている。駆動台1台と従動台1台から構成され，駆動台・従動台ともローラーが2個ついている。ワークの直径が変わったときには，2個のローラーを近づけたり離したりして輪間距離調整を行い，直径の異なるワークに対応する。

　一般的に，ローラーは2枚の鉄輪でゴム輪がサンドイッチされた構造になっている。鉄輪で荷重を受け，ゴム輪の摩擦力でワークを回転させている。また，ワークに傷をつけたくない場合，鉄輪を使わずにウレタン全面張りのローラーに変えることも可能である。

　システム化の例としては，トーチスタンドやマニプレーターなどと組み合わせたものがあり，パイプ・圧力容器・タンクなどの円周溶接や縦継（直線）溶接をするために利用されている。

　円周溶接用機械に続き，直線溶接用機械を説明していく。

　薄板／パイプ突合せ溶接機械「エアクランプシーマ」（**写真4**）という機械を説明する。エアクランプシーマは，薄板の突合せ直線溶接やベンディングロールで丸めた薄板を縦継溶接するときに用いられる。マフラーやタンクといったワークに最適な機械である。機械本体のクランプ部に特殊ホースを内蔵し，ホース内の圧縮エアにより分割された銅製のクランプ爪を動かし，ワークを上方から均一な力で押さえつける。

　また，ワークをセットする金具をバッキング金具と呼んでいるが，水冷銅板を採用しているので，溶接中の熱ひずみを最小限に抑えることができる。バッキング金具には裏波溶接を行う際に必要なバックシールドガス用の穴をあけている。バッキング金具は溶接するワーク形状や材質によって，数種類用意している。

　円周溶接，直線溶接に続いて，ロボットを用いた溶接機械について説明する。

　ロボット溶接用の機械としては，ロボット用外部軸ポジショナー，スライドベース，ロボットトーチ用周辺機器が挙

げられる。

　ロボット用外部軸ポジショナー，スライドベースは，各ロボットメーカーのサーボモータを搭載し，ロボットの外部軸として制御される。溶接ロボットとの同期運転も可能であり，より複雑な形状のワークにおいても溶接することが可能となる。近年では，これらの周辺機器の位置決め精度を上げ，レーザ溶接用のロボットシステムも数多く設計製作されている。

　次に，ロボットトーチ用周辺機器を説明する。

　1種類目は，ワイヤ切断機械である。ワイヤ先端をカットしワイヤ突出し長さを任意の長さにし，アークスタート性を良くする。ロボットの開始点センサ使用時には，必ず必要な機械となる。

　2種類目は，スパッタ除去機械である。スパッタを除去せずに連続して溶接を行うと，ノズル先端にリング状にスパッタが付着していく。付着したスパッタによりノズル内面がふさがれてしまい，シールドガスを安定して供給できなくなってしまう。ブローホールの原因となるのである。

　スパッタ除去は非常に重要で，低速回転仕様のスパッタ除去機械は，強力なモータで回転する刃物で固着したスパッタを除去し，その後スパッタ付着防止液を塗布する。高速回転仕様のスパッタ除去機械は，回転するスプリングでスパッタを除去し，その後スパッタ付着防止液を塗布する。独自に考案したスプリング式金具のフレキシブル性により，スプリング式金具とノズルが噛み込む心配が軽減される。

　ロボット溶接で自動化を図る場合，作業効率を考えて20キロリール巻ワイヤではなくペールパックワイヤを用いることが多く，ペールパックワイヤ用の機械として，ペールパックワイヤ送給補助機械がある。

　ペールパックワイヤを工場の隅に設置し，フレキシブルコンジットケーブル（以下フレコン）でワイヤを送給する際，フレコン内の摩擦によって発生する送給抵抗が原因で，ワイヤの送給が安定しないことがある。ペールパックワイヤ送給補助機械は，ワイヤの送給を安定させ，アークスタートミスや溶接途中でのアーク切れを防止させる。フレコンが長くなった場合，特にその効果を発揮する機械となる。

　最後に環境対策用の機械を説明する。

　アーク溶接時，ヒュームが発生する。ヒュームは発生直後は白色の煙のような蒸気状態であるが，空気中で冷却されて固体の微粒子となる。ヒュームが人体に入ると「じん肺」という肺の病気にかかる恐れがあり，非常に有害な物質である。

　じん肺の症状としては，呼吸困難が挙げられる。近年の研究により，じん肺を引き起こす物質であるということ以外に「神経障害を引き起こす物質である」「発がん性物質である」ということがわかってきた。そのため，厚生労働省では，ヒュームを特定化学物質に追加し，ばく露防止措置などの必要な対策を講じるように特定化学物質障害予防規則（特化則）の法改正を行った。2021年4月1日より法改正の施行が適用される。

　また，人体以外にロボットや周辺機器にも悪影響を引き起こす恐れがある。ロボットや周辺機器の隙間から内部に入ると可動部分を痛めたり，ジグにヒュームがたまってワークのセット位置がずれてしまい，溶接不良を引き起こしたりする恐れがある。

　そういった理由で，溶接ヒューム回収装置（**写真5**）を用いて，ヒュームを発生源近くで的確に回収する必要がある。人体にも機械にも悪影響を及ぼす溶接ヒュームを効率よく吸引し，働きやすい現場環境を構築することが重要である。

　このように溶接ジグ機械を組み合わせてシステム化することにより，溶接作業の能率アップや品質アップにつなげることができる。特に大量生産を実現したい場合には，システム化は必要不可欠となってくるであろう。

　しかし，効率・品質を重視するあまり，イニシャルコストやランニングコストが高くなってしまっては導入する意味がなくなってしまう。また，効率を重視するあまり，安全性を軽視してしまうと事故発生につながってしまう。システム化する場合には，効率・品質・コスト・安全性に関して，バランスよく考える必要がある。

　溶接ジグ機械に関して紹介してきたが，これですべてではない。溶接作業内容は，日々，複雑化・多様化していっている。短納期かつ低コストを求められる場合もあれば，レーザ溶接装置のように高位置決め精度を求められる場合もある。様々な生産現場において，最適な溶接システムを構築するべく，今後，ますますの溶接ジグ機械の開発が必要となっていくだろう。

# レーザ溶接　編

水谷　重人

コヒレント・ジャパン株式会社

　レーザ（LASER）とは，Light Amplification by Stimulated Emission of Radiation（誘導放出による光増幅放射）の頭文字を取った造語であり，指向性，収束性，単色性といった特性をもつ光である。発振媒体の種類によって固体レーザ（YAG レーザ，ファイバーレーザ，半導体レーザなど）やガスレーザ（炭酸ガス，エキシマなど）に分類され，それぞれ異なる特性を持っている。照射対象物や加工用途などに応じて，レーザの波長を使い分けたり，連続発振（CW 発振）やパルス発振などの発振方式を検討したりする必要がある。

　レーザは熱加工，マイクロエレクトロニス分野での微細加工，計測，通信，ライフサイエンスおよびメディカル分野，そして最先端の研究開発分野など多岐にわたって応用されている。特に自動車製造プロセスでは，テーラードブランク溶接，車体やパワートレイン部品の溶接に多く使われ，マルチマテリアル化の流れの中，既存の機械加工が難しくなっている材料に対して，レーザ溶接が大きく期待されている。特に，E-Mobility 分野においては，電池やモータの製造工程への適用拡大が進んでいる。

◇

　レーザ発振器は電気的に精度が高く出力制御が可能であり，自動化も容易にすることが可能である。高い生産性と安定性を備え加工の再現性が高い。

　溶接品質を安定させるには，レーザの発振出力や焦点位置が安定し，適正な加工位置に照射されている必要がある。指令出力に対して実出力をモニタリングし，クローズドループで出力フィードバック機能を持たせることが重要となる。また位置精度については，光学系の設計も重要であり，適正な設計がされていないと光学収差やフォーカスシフトが発生し，加工点でのレーザ光がぼやけるような事象が起こり，溶接品質を著しく悪化させる。加えて最近では，加工材料や継手形状に最適なレーザビームの形状を電気的な指令値または光学系設計によって任意設定することで，溶接欠陥の少ない溶接が可能になっている。

　一方で，レーザ機器は安全に使用されるため，発振出力や波長によって異なる安全基準を日本工業規格が定めている。溶接向けに使用される高出力レーザとなると，レーザ光とその反射光などにより火傷や失明といった危険性も高くなり，保護めがねや遮光設備が必須となる。さらに，労働安全衛生法では加工現場の安全性を厳しく管理することが求められている。

◇

　溶接プロセスにおいて，加工要件によって異なるタイプのレーザが使われている。一般的な板金の溶接では，以前から炭酸ガスレーザ（波長 10.6 マイクロメートル）が多く使われてきたが，電気─光変換効率（WPE）が 10％程と低く，ランニングコストがかかっていた。炭酸ガスレーザよりも金属への吸収効率が高い 1 マイクロメートル帯の波長を持つ YAG レーザ（ランプ励起や半導体レーザ励起）が取って代り，加工材料の適用対象の幅が広くなった。今はさらに小型で WPE が 30％以上と高く，優れたビーム品質を持つ 1 マイクロメートル帯波長のファイバーレーザが主流となり，初期投資とランニングコストが下がり，製造現場で採用されやすくなった。

　細いビード幅で深い溶込みが欲しい場合や，高エネルギー密度を要する高反射材料（銅など）の溶接には，シングルモードファイバーレーザが適する場合が多く，熱伝導的で浅く幅広いビードを要する場合は大径ファイバーのマルチモードファイバーレーザや半導体レーザが用いられることがある。

　低入熱で精密溶接の場合，高ピークパワーを出すパルス発振のモデルが多く適用されている。今日，自動車電動化において多用される銅材料は，固体では 1 マイクロメートル帯波長の吸収率が 5％程と低く，液体になると吸収率は 2

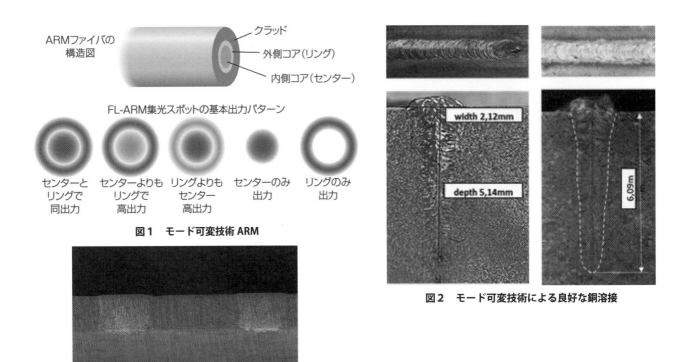

図1　モード可変技術 ARM

図2　モード可変技術による良好な銅溶接

図3　高速ウォブリングによる異材溶接

倍以上に変化する。それにより安定した溶接が難しく，最近では波長の短い青色半導体レーザやグリーンレーザなどが議論されている。それらは銅に対して優れた吸収特性（それぞれ約50％および約40％）を持つが，現時点で応用は限定的または補完的なものになっている。

　青色半導体レーザは，集光性の劣るビーム品質に起因し，短焦点の光学系を用いるか，集光径が大きくエネルギー密度が低い状態で加工するか，薄板溶接や光造形に限定される。また，グリーンレーザは波長を2段階変換する複雑で効率の劣る構造であり，高出力化には発展途上であり，熱伝導溶接に応用がとどまる。

　一方で，前述した深い溶込みや幅広な熱伝導型溶込みなど相反する加工要件を1台の発振器で幅広く汎用性高くカバーできる新たな手法として，モード可変技術を搭載した1マイクロメートル帯ファイバーレーザ（**図1**）の適用も広がっており，新たに主流となりつつある。**図2**に示すように銅溶接に対しても効果的な結果を示している。各波長およびビーム成形によって，一長一短があるうえで，加工要件から最適な物を選定する必要がある。

◇

　レーザ溶接を採用する動機としては，極めて小さな焦点に集光された高密度エネルギーを熱源として，ガルバノスキャナーなどのミラーなどで光を走査することで，広範囲を高速溶接することが可能であり，さらに熱影響やひずみの少ない溶接や微細溶接が可能な点である。加えて，自動化と優れた生産性のみならず，その高品質な溶接により後工程削減といったトータルプロセスでコストメリットが見出せることも大きい。さらに，レーザは対象物の片側から非接触で材料にアクセスでき，対象物形状や溶接ビード形状の自由度が高くなる。また，他の溶接法に比べて消耗品が少ないことも挙げられる。

　一方で，レーザ溶接において課題も幾つか挙げられる。レーザの特性上，数十マイクロメートルから数百マイクロメートルといった小さな集光径の光を用いるので，位置精度に対する要求が高くなったり，ギャップに対する裕度が低くなったりすることが他工法と比べると課題となる。位置精度に対しては，光学式や接触式のトラッキングセンサを用いることで継手形状に沿ってレーザ光を走査することで対処されている。

　また，ギャップに対しては，レーザ光を高速で溶接幅方向に振幅させることでギャップを補間するウォブリング工法が解決策となり得る。厚板溶接においては，ウォブリング工法に加えてフィラーワイヤを供給して溶接する手法もある。さらには，レーザとアーク溶接を組み合わせたハイブリッド溶接も用いられ，速度や溶込み深さに優位なレーザと継手裕度に優位なアーク溶接の2つのメリットを活用する工法もある。

　最近の E-Mobility におけるアプリケーションでは，溶接スパッタによって，電気的な短絡など致命的な欠陥を起こす可能性があり，スパッタのない溶接が求められる。一般的に高速かつ深い溶込みを得る溶接をするには，高エネルギー密度のレーザが用いられる。その高エネルギー密度によりキーホールが形成され，溶融金属の対流や金属蒸気の突沸などによりキーホール後部からスパッタが発生する。

　そこで，前述のモード可変型ファイバーレーザを用いることで加工品質が改善されている。センタービームで溶込み深さを制御し，リングビームにより予熱・後熱効果をもたらすことができる。結果として，高速での溶接を可能にしながら，溶融池の対流を安定させ，キーホールの開口を促すことで金属蒸気の排出することができ，スパッタを低減させた高品位な溶接が可能となっている。

　溶接割れもレーザ溶接するうえで課題として直面する。例えば，車体や電動化部品の軽量化に使用されるアルミニウムは，融点がセ氏 660 度と低く，溶接部が溶け落ちやすく熱伝導率も良いため，溶接部と母材の温度差勾配などを起因とする溶接割れが起こる。一般的なファイバーレーザでは，熱影響層（HAZ）の制御が難しく，割れの感受性が低くなるようなフィラーワイヤを供給する必要があり，ランニングコスト増も懸念となった。また，剛性を高めるため炭素添加量が多い超ハイテン材や高炭素鋼などにおいても，高張力や高強度が延伸性とトレードオフになるため，溶接性に課題が出ていた。

　そこで，溶接割れを回避するのにモード可変型ファイバーレーザでの入熱量制御が効果的となる。センタービームは高輝度エネルギーにより溶込み深さに寄与し，リングビームによる予熱と後熱の効果をもたらし，急熱・急冷による溶接割れに対して効果が得られることが分かっている。入熱量を最適化し制御してあげることで，溶接終端のクレータ割れも回避することができている。

　また，銅とアルミなどの異材溶接においては，金属間化合物の形成によってぜい弱な接合となる。そこで入熱量を制御し，レーザ光を高速でウォブリングする工法を採用することで，材料を浅く幅広く溶融させ，十分な接合強度を持ちながら，金属間化合物の形成を最小限に抑えるプロセスが採用されている（**図3**）。

◇

　レーザ溶接を装置化する際，レーザ光を最終的に加工点へデリバリーする光学系つまりは溶接ヘッドも重要な役割となる。高機能なレーザを有していても，最終的な集光光学系が正常でないとシステムとして最大限のパフォーマンスを発揮しない。溶接ヘッドは，内部の光学素子の組み合わせにより，加工点でのレーザ集光径やワーキングディスタンスなどを決定する。ズーム光学系や回折光学素子を用いて，加工に合わせた任意の集光形状やサイズを作ることも可能である。高速で広範囲の加工を求めるのにガルバノスキャナーを用いたり，継手のギャップを補正したい場合にはクランプジグを搭載させたり，位置補整向けに画像認識カメラを搭載させるなど加工要件によって種類は多岐にわたる。

　また，溶接点と光学系の距離のばらつきに対してある程度の裕度を持たせたい場合には，焦点深度を長くとれるように光学設計を検討することもできる。さらには，溶接品質を検証したり監視したりするのに，プロセスモニタリングを組み合わせる必要性も高まっている。

　最近の自動車電動化においては技術革新や生産性が求められているモータコイル（ヘアピン）溶接，二次電池の封かん溶接やバスバー溶接などでは，溶接前に画像認識技術を用いて，対象物の位置やズレを計算してレーザ照射位置の補正をする方法がもはや必須となっている。また溶接中（オンライン）に品質管理をする手法も多く開発されており，溶接中に発生するプラズマ光やレーザ反射光をフォトダイオードで検出して上げる方法や OCT 技術を応用して溶接溶込み深さのモニタリングなど多様な方法が論じられている。

◇

　多くのユーザーは初めてレーザ溶接システムの評価や加工検証をする際に，発振器メーカー，インテグレータやジョブショップなどのラボを活用する。コヒレント社のラボを例にすると，モード可変型ファイバーレーザを始めとした最新モデルを複数台用意し，また，光学倍率を幅広く対応できるようなズーム光学系やスキャナーなどを保有し，様々な顧客のニーズに対応できるようしている。プロセスモニタリング機器やハイスピードカメラなどで溶接現象を可視化し，溶接の最適化をサポートしている。実験や評価で使用した機器をそのまま装置化し，アフターサービスも実施している。ユーザーは実証された溶接システムを導入することで，開発時間の短縮やコスト削減が可能となる。ユーザーが安心して高品質の溶接を量産に採用できるツールとして，E-Mobility 分野で積極的に採用が進んでいる。

# エンジン溶接機　編

平澤　文隆
デンヨー株式会社

## ■エンジン溶接機の概要

エンジン溶接機とは，エンジンによって発電機を動かしアーク溶接用の電源をつくる機械である。商用電源の設備を必要としないため機動性に優れ，屋外作業や大きな配電設備を得られにくい場所での作業に便利な機械である。軽トラックでも運搬できる小型機から，トラッククレーンなどで昇降，運搬するような大型機まで，様々な製品がある。

エンジン溶接機は屋外作業における作業者の安全を考慮し直流アーク溶接機であることが特徴である。また，直流アーク溶接機は電流の方向が一定であり，アークの安定性にも優れている。

さらに，溶接用電源だけではなく，一般の交流電源も出力されており，溶接作業に必要な電動工具や一般電気機器を使うことができる。

## ■エンジン溶接機が活躍する場所

エンジン溶接機は，建設現場や土木工事現場以外に，パイプライン建設現場，プラントや工場の屋外設備の修理補修などでも使われている。

用途として次のような溶接作業がある（**図1**参照）

### （1）タンクや管

水道・ガス管，タンク，パイプなどの溶接では溶接欠陥のない高度な溶接技術が要求される。安定したアークが維持できる高性能のエンジン溶接機が必要となる。

### （2）重量鉄骨

強度が必要な橋梁，船舶，建設車両，建築物の基礎工事などの溶接箇所は深溶込みが得られる大型のエンジン溶接機が使用され，大型のエンジン溶接機は，溶断作業（アークエアガウジング）にも使われる。ガウジングとはアークによって金属を溶融させると同時に吹き飛ばす方法で，ハツリ・切断・穴あけなどの作業に使用されている。

**図1　エンジン溶接機の主な用途**

### (3) 軽量鉄骨

サッシ・シャッター，門扉・フェンスへの溶接作業では，短時間に断続的に行う溶接作業が多くなるので，アークのスタート性が良好なエンジン溶接機が求められる。また，溶接部材が薄板になるので，小電流でもアーク切れが発生し難い性能が必要である。

## ■エンジン溶接機でできる溶接方法

### (1) 被覆アーク溶接

一般的には手溶接と呼ばれ，ホルダでつかんだ溶接棒と母材との間にアークを発生させる溶接法である。

エンジン溶接機本体の他は溶接ケーブルとホルダ，溶接棒があれば作業できるため，屋外での作業や，作業場が移動する現場には最適である。

また，溶接棒は外周に被覆剤が塗布されておりシールドガスが不要で風に強く屋外現場ではこの方法が多く用いられている。

### (2) 炭酸ガスアーク溶接（図2参照）

溶接部の保護とアークの維持に必要なシールドガスに炭酸ガスを用いる溶接法で，ワイヤ送給装置と溶接トーチを使い，ワイヤ先端と母材との間にアークを発生させ溶接を行う。

炭酸ガスアーク溶接専用のエンジン溶接機が製品化されている。

### (3) セルフシールド溶接

炭酸ガス溶接と同様にワイヤ送給装置と溶接トーチを使い，連続溶接ができる溶接法である。溶接ワイヤにガスを発生させるフラックスが封入されており，シールドガスが不要のため，風の影響を受け難く，海外においてはポピュラーな溶接法である。海外製の送給装置は炭酸ガス溶接と共用できるものがある。

### (4) ティグ溶接（図3参照）

シールドガスとしてアルゴンガスを用いる。タングステン電極と母材との間にアークを発生させて溶接する方法である。

小電流でもアークが安定するので，極薄板の溶接も行える。また，溶接ビードがきれいに仕上がるので，ステンレス溶接に多く使われる。ティグ溶接に必要なクレータ電流などの調整が行える専用のエンジン溶接機が製品化されている。

## ■溶接電源特性

### (1) 定電流特性

溶接中に手振れしてアーク長が変化しても溶接電流が変化しにくいので，初心者でもアーク切れしにくく，均一な溶接ビードに仕上がる。また，溶接ケーブルによるケーブルドロップにも影響を受けず，設定した電流値で溶接できる。アークスタート性を改善し，作業性の向上を図る機能として短絡電流を調整できる製品もある。

**図2　DCW-400LSE**
造船や橋梁などの現場で多く使われる炭酸ガス溶接機の例

**図3　GAT-155ES**
ステンレス溶接に多く使われるティグ溶接機の例

### （2）垂下特性

垂下特性は溶接出力電圧の変化に比例して出力電流が減少・増加する特性である。微妙な手加減でビード幅，深さ，たれの調整がしやすくなる。また，アークスタート性がよく，アークのふらつきも改善される。

一台の機械で定電流特性と垂下特性が切替え可能な製品や，垂下特性における溶接電流と電圧の変化の割合を変えられる溶接特性調整機能を持つ製品もある。溶接姿勢や部材に合わせて設定することが可能である。

### （3）定電圧特性

定電圧特性は溶接電流が変化しても電圧が変化しにくい特性で，ワイヤによる溶接方法に用いられる。アーク長に応じてワイヤの溶融速度が変化し，結果的に常に一定のアーク長が保持される。

## ■エンジン溶接機の補助電源（交流電源）

エンジン溶接機から出力される補助電源（交流電源）は，機種によって単相 100 ボルトのみ出力する製品と，単相 100 ボルトと三相 200 ボルトの両方を出力する製品とに分かれる。

単相 100 ボルトを出力する製品の中には，インバータ制御装置を内蔵して，電源波形をきれいにする製品もある。この場合，電圧や周波数が安定するので，電子制御している機器などでも安心して使うことができる。

## ■エンジンの種類と安全・環境性能

### （1）駆動エンジン

溶接用発電機を動かすエンジンにはガソリンを燃料とするガソリンエンジンと軽油を燃料とするディーゼルエンジンの二種類がある。

ガソリンエンジンは小型軽量で可搬性に優れた特徴を持ち，溶接電流 190 アンペア以下の小型機で用いられている。

一方，ディーゼルエンジンは質量が大きくなるが耐久性があり，ランニングコストが安いことも特徴である。溶接電流 200 アンペア以上の大型機で用いられている。

### （2）電撃防止機能

エンジン溶接機は直流溶接機なので，電撃防止装置の設置義務はないが，作業者の安全を考慮し，電撃防止機能を設けている製品が増えている。

**図4　自動アイドリングストップ使用方法**

### （3）短絡継続保護機能

溶接棒が1秒以上短絡継続すると，出力電流を15アンペア程度まで低下させる機能。溶接棒が固着しても赤熱することなく簡単に取れるため，作業効率が向上する。

### （4）スローダウン機能

屋外作業では，作業場所の移動や段取り作業などで溶接作業を休止することがある。この溶接作業休止中にエンジンの回転速度を下げる機能をスローダウン機能という。エンジン回転速度を下げることで，騒音の発生や燃料消費を抑えることができる。

### （5）エンジン回転制御

溶接作業中のエンジン回転速度は，一般的にその機械の定格出力回転で運転し十分な電力が得られるように作られている。

エンジンの出力に余裕がある場合は必要な電力に応じて無段階回転を制御する製品がある。無段階回転制御では作業する溶接電流に応じたエンジン回転速度で制御する。作業に応じた回転制御であり，騒音の発生や燃料消費を抑える上で優れた機能といえる。

### （6）自動アイドリングストップ機能（図4参照）

溶接作業を休止すると自動的にエンジンを停止する機能である。また，溶接作業を再開する場合は母材に溶接棒をタッチするなどの簡単な作業だけで離れた場所からでもエンジンを自動始動できるよう工夫されている。

エンジンの無駄な運転時間がなくなることで，燃料消費ばかりではなく排出ガスを削減できる機能である。

### （7）環境ベース

燃料やエンジンオイルなど油脂類の流出を防ぐ環境対策機能である。給油の際に燃料がこぼれた場合でも周囲を汚すことなく，環境保護が求められる現場でも安心して作業に従事できる。

### （8）排ガス・低騒音の指定制度

エンジンの排出ガス成分および黒鉛の量が国土交通省の定める基準以下の製品は排出ガス対策型建設機械として指定される。国土交通省の直轄工事では指定を受けた機械が必要である。現在は第3次基準が運用されている。

また，エンジン溶接機から発生する騒音値が国土交通省の定める基準値以下の製品は超低騒音型建機として指定されている。

### （9）NETIS

NETISとは，新技術に関する情報を一般に広く共有・提供することで活用促進と一層の技術向上を目的とした国土交通省のシステムである。

新技術を活用しているエンジン溶接機は登録製品となっている。公共工事などにおいてNETIS登録技術を採用すると，技術提案評価の基準となる技術評価点の向上が見込める。

# 非破壊検査　編

篠田　邦彦
非破壊検査株式会社

　本年も多くの人が学生を経て，非破壊検査業並びに関連する分野で社会人としての生活を開始された。ここではこのような方を対象として，非破壊検査に関する基礎的知識，非破壊検査における基本概念や技術的特徴，そのほか関連事項として，資格取得について解説する。

## ■非破壊検査とは

　非破壊検査とは，材料・部品・構造物などの種類のいかんに関わらず，試験対象物を傷つけたり，分解したり，あるいは破壊したりすることなしに，それらの状態，内部構造などを知るために行う技術である。

　物を壊して調べる破壊試験と異なり，非破壊検査では，検査結果が健全であれば，そのまま使用を継続することができる。現代の工業社会では不可欠な技術である。

## ■非破壊検査の適用分野

　非破壊検査は非常に多くの分野で使われている。特に重要なプラントである原子力・火力発電所，石油精製，石油化学，ガスなどの設備はもとより，橋梁，道路，ビルなどの社会資本，鉄道，航空機，船舶，あるいはロケットなどの輸送機器，鋳造品，鍛鋼品，鋼板など種々の工業製品を対象に，様々な手法で非破壊検査が適用されている。

　このように安全性，健全性が確保される必要のある，あらゆる製品，構造物などに必ず適用されていると言っても過言ではない。

## ■非破壊検査の目的および役割

　非破壊検査を適用する目的や時期は，大きく次のように分類される。

　（1）構造物および製品などに製造過程で傷が発生していないか，また製品の品質が決められたレベルを満足しているかを調べる目的で使われている。

　（2）一定期間の使用あるいは運転後の検査では，使用中に傷が発生していないか，またその傷により構造物および製品が破壊に至ることがないかを調べる目的で使われている。

　これらからも分かるように，構造物および製品の破壊による事故を防ぎ，安全を確保する手段として，非破壊検査の役割は重要である。

## ■非破壊検査の種類

　非破壊検査を有効に行うためには，その目的と対象物の状態に適った方法を適用することが必要である。そのため，非破壊検査手法としては多くの種類が考案され，実用化されている。**図1**に基本的な非破壊検査方法の種類を示す。**図1**に示した以外にも，マイクロ波，レーザ，振動を用いた方法など，多様化の傾向にある。また，基本的な方法でも，改善改良あるいは新しい応用が行われつつあり，技術内容は進化し続けている。

　**図1**のうち，外観試験を除く傷の検出方法の原理を**図2**に模式的に示す。品質の高い非破壊検査を実施するためには，その目的と対象物に合った方法を適用することが必要である。いずれの場合でも，非破壊検査を適用して何の情報を得ようとしているのかを明確にしておかなければならない。

　非破壊検査技術はそれぞれ特性が異なる。例えば，溶接部の傷を検出する場合，傷の位置（表面または内部），形状（平

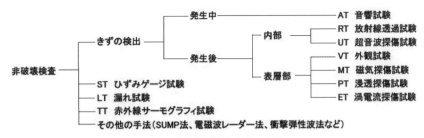

**図1　非破壊検査方法の分類**

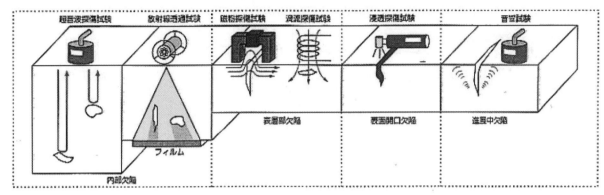

**図2　非破壊検査方法の原理**

面状または体積状）あるいは対象物の材質などにより，適する方法が異なる。

　したがって，発生する可能性のある傷を知り，その傷の許容限度を明らかにした上で，確実に検出できるような試験方法と試験条件を選定する必要がある。

　次に**図2**に示した基本的な非破壊検査法の概略について説明する。

　放射線透過試験は，放射線（X線またはγ線）を検査対象物に照射し，透過してきた放射線をX線フィルムなどで受けて，内部の傷や状態を調べる方法である。X線フィルムを写真処理（現像）することで結果を画像として得られるため，傷の形状，寸法および種類などの推定が可能である。ただし，基本的に傷の深さを知ることはできない。

　超音波探傷試験は，高周波の超音波を検査対象物に伝搬させ，傷や裏面などの不連続部からの反射波を検出し，反射波の信号から対象物の厚さの情報や傷の検出および評価を行う方法である。大きく分けて検査対象物の表面から垂直に超音波を伝搬させる垂直探傷法と，斜めに伝搬させる斜角探傷法に分類される。超音波の伝搬方向に垂直な反射面を有する傷から，大きな信号が得られる。

　磁気探傷試験は，磁化された検査対象物の表面近くに，傷などの不連続部があれば，その部分から磁束が漏えいする現象を利用する。この状態で磁粉と言われる着色剤や蛍光剤が接着した微細な鉄粉を適用すると，漏えいした磁束に磁粉が吸着し，傷が検出される。

　検査対象物を磁化する必要があるため，適用できる材料は磁石に吸引される強磁性体に限られる。電磁石で検査対象物を磁化させる極間法がよく用いられている。磁粉には紫外線を受けて蛍光を発する蛍光磁粉と，黒，白，褐色などに着色された非蛍光磁粉がある。磁気探傷試験では，磁束と直交する向きの傷が検出されるため，例えば溶接部の検査では，直交する2方向に磁化させて，全方向の傷を検出しなければならない。

　浸透探傷試験は，表面に開口した傷の内部に浸透した浸透液が，現像剤により表面に染み出されて，拡大した傷像を形成することにより，傷を検出する方法である。大別すると，赤色の浸透液に対して白色の現像剤を用いて明所で観察する方法と，蛍光を発する浸透液を用いて暗所で紫外線照射灯を用いて観察する方法に分けられる。金属に限らずセラミックスやプラスチックなど，材料全般に適用可能である。

　渦電流探傷試験は，交流を流したコイルの近くの導電体に，電磁誘導現象により発生する渦電流を利用する。導電体の表面付近に傷があると渦電流の流れが乱れ，これを検出することで，傷が検出される。電流が流れる導電性の材料に適用でき，非接触で実施できるので，棒や管などを高速で検査するのに適する。

　音響試験（アコースティックエミッション試験）は，検査対象物中の傷などで発生した音響を検出する方法である。

**表1　JIS Z 2305 による資格認証の非破壊試験方法**

| 非破壊試験方法 | 略号 | 認定レベル |
|---|---|---|
| 放射線透過試験 | RT | |
| 超音波探傷試験 | UT | |
| 磁気探傷試験 | MT | |
| 浸透探傷試験 | PT | レベル 1、2 及び 3 を認定 |
| 渦電流探傷試験 | ET | レベル 3 が最上位の資格※ |
| ひずみゲージ試験 | ST | |
| 赤外線サーモグラフィ試験 | TT | |
| 漏れ試験 | LT | |

※　赤外線サーモグラフィ試験レベル 3 は、現在実施に向け準備中

**表2　受験申請に必要な訓練時間と認証申請に必要な経験月数**

| NDT 方法 | 訓練時間 | | 経験月数 | |
|---|---|---|---|---|
| | レベル 1 | レベル 2 | レベル 1 | レベル 2 |
| RT | 40 時間 | 80 時間 | 3 ヶ月 | 9 ヶ月 |
| UT | 40 時間 | 80 時間 | 3 ヶ月 | 9 ヶ月 |
| MT | 16 時間 | 24 時間 | 1 ヶ月 | 3 ヶ月 |
| PT | 16 時間 | 24 時間 | 1 ヶ月 | 3 ヶ月 |
| ET | 40 時間 | 48 時間 | 3 ヶ月 | 9 ヶ月 |
| ST | 16 時間 | 24 時間 | 1 ヶ月 | 3 ヶ月 |
| TT | 40 時間 | 80 時間 | 3 ヶ月 | 9 ヶ月 |
| LT※ | 48 時間 | 72 時間 | 3 ヶ月 | 9 ヶ月 |

※　LT は技法（圧力法及びトレーサガス法）ごとに最小限の訓練時間が設定されている。

検査対象物内で傷が発生した場合や、既に存在する傷が成長すると、高周波の音響（弾性波）を発する。この音響を材料表面に配置したセンサで検出することで、検査対象物の監視ができる。

# ■必要な資格

　非破壊検査の資格について述べる。非破壊検査を実施する技術者の資格としては、JIS Z 2305：2013「非破壊試験技術者の資格及び認証」に基づき、日本非破壊検査協会が実施しているものが挙げられる。

　年に 2 回（春・秋）に行われる試験に合格し、登録することで資格を取得できる。**表 1** に JIS Z 2305 により認証されている資格の種類を示す。受験するには、訓練シラバスに基づいた訓練を受けたことを証明する訓練実施記録に、視力検査証明書を添えて、受験申請する。

　レベル 1 およびレベル 2 の新規試験では、筆記の 1 次試験と実技の 2 次試験が課せられる。ともに合格した者が、一定の経験月数を満たすことで資格認証申請が可能となる。**表 2** に受験申請に必要な訓練時間と、認証申請に必要な経験月数を示す。ただし、レベル 1 を保有せずに、レベル 2 を受験する場合、表のレベル 1 とレベル 2 を合計した訓練時間および経験月数が必要である。

　2020 年 1 月時点で、登録されている資格者数は、レベル 1，2 と 3 を合わせて延べ 84166 人に上る。その中でレベル 2 が 60364 人と最も多く、現場業務の中心となっている。これ以外では、鉄筋圧接部の超音波探傷試験、建造物の鉄骨溶接部の検査など、対象物に特化した資格もあり、現場においてこれらが要求される場合もある。

　このように非破壊検査技術者となるには、まず上述した資格を取得することが第一歩となる。次に必要なことは、現場実務レベルを向上することである。

　それには、手法の異なるそれぞれの非破壊検査技術に精通するとともに、それを適用する対象物（溶接部、圧延品、鍛造品と鋳造品など）について、材料、製造方法、使用方法や発生する傷などについての十分な知識を持つことが必要である。非破壊検査は製品の品質管理あるいは構造物の健全性維持を目的として行われるものであり、その重要性はますます増加している。

　このような弛まぬ努力を継続するには、非破壊検査技術者として自らが行う業務が、高い社会貢献度を有するものであることをよく認識し、仕事に誇りと使命感を見出すことが原動力になると思われる。フレッシュマンにはその気持ちを持ち続けていただきたい。

# クレーン・ホイスト 編

株式会社キトー

## ■クレーンとは

　世間で一般的に「クレーン」と聞くと，土木工事や建築工事の現場で見かけるトラッククレーンやラフテレーンクレーンを頭に思い浮かべる人が多いと思う。しかし，それらは法規の上では「移動式クレーン」と呼ばれており，「クレーン」と呼ばれるものは次のように定義付けている。

　「クレーンとは，荷を動力を用いてつり上げ，およびこれを水平に運搬することを目的とする機械装置をいう」

　一方，「クレーン」の適用除外項目の一つとして「つり上げ荷重が 0.5 トン未満のもの」がある。言い方をかえると「0.5トン以上のつり上げ荷重」が「クレーン」の条件として付け加えられることになる。「つり上げ荷重」にも定義があるが，詳細な説明をすると長くなってしまうので，簡単に「フック + 吊り具 + 荷」とする。

　ちなみに「移動式クレーン」の定義は「原動機を内蔵し，かつ不特定多数の場所に移動させることのできるクレーンをいう」となっている。ここでは，法規の上で，「クレーン」と定義付けられたものについて述べる。

## ■ホイストとは

　クレーンの定義に「荷を動力を用いてつり上げ〜」とある。この部分に該当する機械装置の種類の一つをホイストと呼ぶ。ホイストは次のように定義付けている。

　「単体のユニットとして作られた横行駆動装置をもつ（またはもたない）巻上げ機構」

　横行駆動装置とは，クレーンの定義の「〜これを水平に運搬する〜」の手段の一つとなる。しかし，定義に（またはもたない）と表現されているため，少し分かりにくくなっている。クレーンには，水平に運搬させる主な手段として「走行・横行・旋回」がある。この手段の中の一つでも該当すれば「クレーン」と呼ばれるため，ホイストには横行駆動が存在しないクレーンもある。

## ■クレーンおよびホイストの種類

　クレーンやホイストの種類は，荷のつり上げ方法や水平に運搬するための手段によって多岐にわたる。ここでは代表的な種類について紹介する。

　まずホイストの種類は，つり上げ方法によって分けられる。チェーンによるものとワイヤロープによるものがあり，それぞれを「チェーンブロック」（チェーンホイスト），「ロープホイスト」と呼ぶ。また，クレーンへの取付方法でも次のように種類が分けられる。

　（1）「懸垂形」= クレーンにホイストを取付けている梁をガーダやジブと呼ぶが，そのガーダから懸垂した状態で固定されているもの。

　（2）「懸垂形横行式」= 懸垂した状態で横行するもの。

　（3）「据置形」=2 本のガーダの上で固定されたもの。

　（4）「ダブルレール形」=2 本のガーダの上を横行するもの。実際には，チェーンブロックとロープホイストでは，若干呼び名が異なるが，区分けの仕方はほぼ同一となる。

　一方，クレーンの種類は，水平に運搬する手段によって分けられる。

　（1）「ローヘッド形天井クレーン」（サスペンション形 = **写真 1**）= 走行駆動するクレーンにおいて，駆動装置が天井

写真1

写真2

写真3

写真4

近くの走行レールに懸垂されているもの。

(2)「オーバーヘッド形天井クレーン」（トップランニング形 = **写真2**）= 駆動装置が天井近くの走行レール上を走行するもの。

(3)「橋形クレーン」（**写真3**）= 走行レールが床に敷設されていて，クレーンが門形に組立てられているもの。

(4)「テルハ」= 走行駆動装置がなく，横行駆動装置と横行レールのみのクレーン。

また，ホイストを取付けたジブが旋回するものを総称して「ジブクレーン」と呼ぶが，旋回中心の固定方法によって次のように分けられる。

(1)「ピラー形ジブクレーン」（**写真4**）= 自立形の柱に取付けられているもの。

(2)「ウォール形ジブクレーン」= 建築物の柱に取付けられているもの。

今回は，一部の代表的な種類のみの紹介となったが，当社ホームページ（http://kito.co.jp）でクレーンの種類や技術情報，さらには法規についての説明を掲載しているので参考にしてほしい。

# ■クレーン操作に必要な資格

クレーンの操作は，誤ると重大事故につながる危険な作業である。そのため，つり上げ荷重に見合い，さらにはクレーンの操作方法により異なる資格を取得する必要がある（**表1**）。

作業の対象となる資格を必ず取得し，安全作業を心掛けなければならない。また，つり上げ荷重3トン以上のクレーンを製造する事業所は，所轄の労働局から「製造許可」を受けなければならない。

資格や許可は大変重要なものとなるので，忘れずに覚えてほしい。

**表1**

クレーンの運転および玉掛作業に関する諸規則

クレーンの運転または、玉掛けの業務にたずさわる作業者は、それぞれ定められた資格を持っていなければなりませんのでご注意ください。

| 項目＼つり上げ荷重 | | 0.5t未満 | 0.5t以上1t未満 | 1t以上5t未満 | 5t以上 |
|---|---|---|---|---|---|
| クレーン運転者の資格 | 機上運転式クレーン<br>無線操作式クレーン | 適用除外 | クレーン運転の業務に係る特別の教育<br>（クレーン則第21条） | | クレーン・デリック運転士免許<br>（クレーン則第22条） |
| | 床上運転式クレーン | | | | 床上運転式クレーンに限定したクレーン・デリック運転士免許<br>（クレーン則第224条の2） |
| | 床上操作式クレーン | | | | 床上操作式クレーン技能講習<br>（クレーン則第22条） |
| 玉掛作業者の資格 | | | 玉掛けの業務に係る特別の教育<br>（クレーン則第222条） | 玉掛技能講習<br>（クレーン則第221条） | |

設計・製作・工事さらにアフターサービスまで

キトーでは、各種クレーンの設計・製作・工事はもちろん、全国サービスネットワークによる迅速なアフターサービスまで徹底したクレーン一貫メーカーとして体制をととのえています。

# ■クレーン市場の動向

　日本では近年，作業環境の分業化，安全作業の徹底の結果として，小容量域のクレーンへ需要がシフトしてきた。また，人件費を削減するためにITを駆使した省人・省力化も進んでいる。

　一方，海外に目を向けると，東南アジアなどの発展途上国では先進国と比較し，設備投資が十分でないことや工場の規模が大きいことなどの理由で，依然として大容量域のクレーンの需要が多い。しかし，多くの日系企業が進出しているため，今後は小容量化や自動化のニーズが高まってくると予想する。

　また，人件費の上昇もあることから，生産性に重点を置くことが多くなってきている。その場合，工場のクレーンレイアウトの良し悪しが大きく影響するため，ユーザーニーズをしっかり聞き取り，適切なクレーンレイアウトの提案を行っていくことが重要となる。

　当社では，海外の拠点となる新工場設立プロジェクトに協力する機会が多くなっているが，大容量から小容量，手動から自動まで，様々なニーズに対して最適な提案ができるので相談してほしい。

【特別企画】

●主要溶接関連業界の現状と溶接技術
● 2021 年ものづくり関連・話題のワード
● 2021 年・高圧ガス溶材商社におけるコロナ禍の取り組み
●「溶接はおもしろい」を体感しよう
●溶接の資格ガイド

# 主要溶接関連業界の現状と溶接技術

※ 2021 年 10 月現在

## 建築鉄骨 編

## 現場溶接向けロボット開発進む

　産業別の溶接材料比率が最も高い建築鉄骨分野。業界は東京五輪関連施設建設後の端境期やコロナ禍での工事計画の変更といった逆風が続いたが，徐々に回復の兆しを見せている。裏付けるように 2021 年上期（1—6月，年計ベース）の鉄骨需要量は前年同期比 8.8% 増の 222 万 8650㌧。直近7月の鉄骨推定需要量（S造 +SRC造）も，前年同月比 5.4% 増の合計計 37 万 5550㌧と7ヵ月連続で増加した。

　ただし鉄骨ファブの中では「五輪後の端境期として昨年の水準が低くなることは織り込み済みだった。回復をしたといっても，一昨年までの水準にはまだ達していない」（鉄骨ファブリケーター）とする声も多い。

　また厚板を中心とした鋼材や溶接材料の価格上昇も鉄骨ファブの経営を直撃する。「ゼネコンの受注競争も激化している。鉄骨加工単価に対する値下げ要求も多い」（首都圏鉄骨ファブ）の状況下で，厳しい舵取りが迫られる。

### ■溶接材料・技術の進化

　溶接材料分野では，メーカー各社が低スパッタで，作業環境の向上にも貢献するフラックスコアードワイヤ（FCW）の開発と普及を促進する。ソリッドワイヤに比べて溶接士への作業負担も少なく，技能習得の時間も減らすことができるのが特徴。外国人実習生など，短期間で技能習得が必要なファブリケーターなど採用が徐々に増えている。

　溶接ロボットと FCW を組わせた型式認証の取得事例など，装置や材料の高度化・高能率化をサポートする開発も各社で進む。

### ■技能者不足と自動化

　鉄骨業界でも他業種同様，溶接士不足は深刻化している。特に建設現場では，休日の少なさなどから若手入職者が減少する傾向が続いており，溶接品質を確保するうえで自動化をはじめとした作業性の向上が求められている。

　このようななか，ゼネコン各社は現場溶接ロボット分野での連携を強化している。鹿島建設，清水建設，竹中工務店の3社は昨年 10 月に，ロボット施工と IoT 分野での技術連携で基本合意書を締結した。3社はこれまでも現場向け鉄骨溶接ロボットをそれぞれ研究開発し，一部で現場適用を進めている。

　鉄骨分野では，ファブリケーターの工場内では溶接ロボットの普及は進んでいるが，建設現場では設置やティーチング，管理の難しさなどから本格的な普及には至っていない。「石松」に代表される可搬型の溶接ロボットを応用したシステムが主流の一方，鹿島や清水建設は，多関節型（マニピュレータ型）の現場溶接ロボットを開発し，緒方再開発物

現場溶接ロボット

都心の大型再開発物件

溶接士の技能が鉄骨製作を支える

件など一部の工事に適用をはじめている。ただし単一のゼネコンで使用する施工ロボットの台数では量産による開発コストの回収は難しく，結果的にロボットの本体価格が高額となり，現場への普及を妨げる要因となっている。

現状では１台のロボットに一人のオペレータがついて，何かあれば補修溶接ができる体制を取らざるを得ない状況だが，今後，運用体制の整備が進むことで，技能者不足を補う手段とはなりうる。いかにセッティングやティーチングを簡略化し，現場担当者の負担を減らすことができるかが，普及のカギとなりそうだ。

溶接人材教育の取り組みも進む。若手人材の確保に苦労をするなか，働き方改革による労働時間短縮の流れもあり，業界として早期の人材育成に取り組んでいる。

建築分野の溶接技能者育成に向けて，鉄骨建設業協会，全国鉄構工業協会，日本溶接協会の団体３社は，若手人材確保のためのＰＲ映像の制作や人材育成プログラムで協調を図っている。

### ■現場溶接士の地位向上に向けて

建築鉄骨の現場溶接は，高度な技能や資格が溶接士に求められる一方で，その多くが中小企業であり，下請け構造の受注形態の中で，意見を集約して主張するということができていない状況が続いていた。

こうした状況を改善するべく，現場溶接業界の地位向上と働きやすい作業環境の整備などを目的とする「鉄骨現場溶接協会」（原博之会長）が本年設立された。今後，関東を中心に会員拡大を図り，将来的に全国組織への展開を目指す。

## 自動車 編

# 自動車は「溶接の宝庫」

製造品出荷額の約 20%，就業人口の約 10% を占めるなど，自動車産業は日本経済を支える重要な基幹産業である。また，自動車１台あたりの製造に必要な部品点数は２万点から３万点といわれており，タイヤ，電装機器，吸排気系など部品類の多くは自動車メーカーが，ティア１，ティア２などと呼ばれる部品メーカーなどに外注していることから裾野の広い産業としても知られる。溶接技術も部品から車体まで様々なところに適用され，素材や形状，製品の特徴などに応じてアーク溶接，スポット溶接，レーザ溶接など様々な溶接方法が使われており，自動車の製造に欠かすことのできない重要な基盤技術の一つとなっている。

### ■次世代自動車への対応と軽量化

自動車における環境規制が厳しさを増す中で，電動化などを示す「CASE」（コネクティビティ＝接続性，オートノマス＝自動運転，シェアード＝共有，エレクトリック＝電動化）と呼ばれる次世代分野については，中長期の成長を見越して設備投資意欲は旺盛である。

この次世代自動車の開発と溶接を合わせて考えたとき，ポイントとなるのは，やはり軽量化への対応である。

自動車の軽量化材料として現在，主力となっているのは高張力鋼（ハイテン材）である。

ただ，高張力鋼は強度が増すほど，割れやすくなり，自動車の製造に不可欠なプレス成形が難しくなる。また，強度が増すほど成形するための加圧力が増すため，プレス機や金型に必要なコストも増大する。そこでプレス成形と同時に焼き入れによって強度を高めようというのが熱間プレス成形技術である。

この技術の登場により，１ギガパスカルを超えるようなプレス部品も容易に作れるようになった。ただ，高張力鋼は強度が高くなるほど，熱影響や加圧力の影響を受けやすくなるため，溶接は難しくなる。そこで最新の抵抗溶接技術やレーザブレージングなど，様々な接合技術が検討されている。

一方，高級車を中心に適用が増加傾向にあるのが，アルミ合金である。現在，乗用車１台当たり 100㌕ ものアルミが使われているともいわれる。

アルミは鉄との比重が約３分の１という軽量素材だが，その他にも強度，加工性，耐食性，リサイクル性，熱伝導性などの優れた特性を持つ。

ただ，抵抗溶接では高電流，高加圧力を必要とし，アーク溶接では融点が低く局部融解を起こしやすいなど，溶接の難しい金属である。このためワークに応じて抵抗溶接，摩擦攪拌接合（FSW），レーザなど，様々な最新溶接技術の適用がみられる。

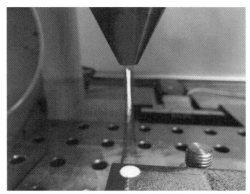

Blue beam

ホンダNSX／超高張力鋼管によるフロントピラー

藤壺／ファイバーレーザ溶接

　さらに，次世代の自動車軽量化材料として高い注目を集めているのがCFRP（炭素繊維強化プラスチック）である。比重強度が鉄の10倍，引張弾性率が鉄の7倍，重量は鉄の5分の1という軽量かつ高強度な素材である。CFRPの接合には，一般的に接着剤が使われるが，最近はレーザで表面を荒らしして接着剤にアンカー効果をもたらすことで，接合強度を高める技術も登場している。

　このように自動車における素材の多様化，マルチマテリアル化が進む中で，近年，注目を集めているのが，アルミと銅，金属と樹脂などの異種材料接合のニーズも高まっている。

■注目集める電装部品の溶接

　近い将来，EVの普及拡大が予想される中で，自動車電装部品の割合も増加することが見込まれる。電装部品にも車体と同様に軽量化を目的として，銅よりも軽いアルミが使われる傾向がでてきている。

　このため電装部品では，銅とアルミの異種材料溶接の割合が高まる傾向にあり，同分野で使われるスポット溶接や超音波接合機においては，同異種材料接合に対応した機種がメーカー各社から発売されている。

　一方，現在，高い注目を集めているのが，モータコイルに使われる銅による平角線（ヘアピン）の溶接である。

　モータの性能向上を図るには，いかに多くの銅線を巻くことができるかが大きなポイントとなる。そこで一般的な丸形の銅線から角形の銅線に切り替えることで，巻いた際に発生するデッドスペースをなくし，隙間なく銅線を巻こうというのがヘアピン巻き線の考え方である。

　さらに，巻き線を巻くための占積率が高く，コンパクトで，高出力，低消費電力が期待できる製造方法として，個々のコアを組み立ててモータを構成する多極複数分割コア式が主流となってきている。そこで各コアの結線のために多くの溶接が必要となる。

　ただ，この溶接には，溶接する前に銅線の皮膜除去が必要になるほか，電気の流れに影響を与えるスパッタの発生など溶接欠陥の許されない厳しい品質が求められ，結線の性質上，ギャップ裕度への対応も求められる。

　このためティグ溶接を適用するのが一般的だが，EVの普及にともなってモータの需要が急増すると，ティグ溶接は溶接速度が遅いため，より生産性の高い溶接方法が必要になる。

　そこで，注目を集めているのが，レーザ溶接である。レーザであれば，ビームを皮膜除去にも溶接にも使うことができ，ティグ溶接と比較して，格段に溶接速度が速いため，生産効率を大幅に改善することができる。

　中でも金属に対する吸収性の高い波長を持つことから銅の溶接向けに注目を集めているのが，ブルーレーザとグリーンレーザである。

　両レーザを比較すると，ブルーレーザの方がより吸収性の高い波長を持っている。しかし，発振器をみると，ブルーレーザは半導体レーザをベースにしており，グリーンレーザはディスクレーザやファイバーレーザをベースにしているため，ビーム品質ではグリーンレーザの方が優れている。このため，一概にどちらが優れているとは言えない。また，両レーザは，生産効率の向上や深溶込みを得るための高出力化が課題になっている。

　一方，低スパッタ化など溶接品質の向上を目的に注目を集めているのが，独立制御が可能な2つのビームを発振す

るビーム形状可変レーザである。基本的には，リング状にエネルギーを分布したリングビームと，スポット的にエネルギーを集中したセンタービームを重ねることでレーザ光のエネルギー分布を調整する。

これによりリングビームを予熱や熱伝導型溶接に，センタービームをキーホール溶接に用いるなど，エネルギー分布の制御の幅が広がるため，銅やアルミに対しても最適なエネルギー分布を用いることで溶接性の向上を図ることができる。

### ■自動車は溶接の宝庫

ここで紹介したのは一部であるが，自動車は多くの部品からできており，微細な電装部品から車体という大型構造物に至るまで様々なところに様々な溶接方法が適用されている。また，ロボットによる自動溶接だけでなく，高級車につかわれるチタン製の部品やジグの開発，補修・修理など，溶接士の熟練技能を必要とするようなところも数多く残されている。

一方，自動車産業界は，次世代市場を巡る激しい開発競争を強いられているため，レーザ溶接をはじめとする先端溶接技術の導入にも積極的であり，多くの溶接技術を必要とする自動車は，溶接の宝庫と言えるかも知れない。

# 造船 編

# 着々進む自動化への取り組み

### ■国内造船業界の歴史と最近の概況

日本の造船業界は第二次世界大戦終戦後，国策として復興が進められ，1956年には新造船進水量において世界トップの座に躍り出た。その後，1973年秋に発生した第一次オイルショックなどで苦境に陥った時期があったものの，1984年まで29年間もの間，トップシェアを維持するなど，世界をリードしてきた。

しかし，1980年代に入ってからは韓国勢が台頭し始め，2000年には新造船建造量で韓国に抜かれ2位に後退。遅れて2000年代に入ってから台頭してきた中国にも09年に抜かれ，3位に転落した。

以後，この構図は変わらず，中国と韓国が激しいトップ争いを展開しているのとは裏腹に，日本は大きく引き離された3位のままで推移しているのが現状である。直近の状況も世界的な船腹量と供給力が過剰な状態が続いていることに加え，コロナ禍の拡大に伴う受注環境の悪化で，国内の手持ち工事量は大幅に減少。今年1月時点の手持ち工事量は適正水準とされる2年を大きく下回る約1.03年分とも言われており，需要回復には今しばらく時間がかかるとみられていた。

しかし，最近になってようやく明るい兆しも垣間見えるようになってきた。

国土交通省の造船統計速報によると，2021年上半期（1~6月）の国内主要44工場（4月から43工場）による鋼船受注・竣工実績は，受注が前年同期比2.5倍増の79隻，同3倍増の260万5039総㌧，竣工が同27.3%減の149隻，同30.9%減の573万7438総㌧，竣工船価が同25.6%減の5881億円となり，竣工実績は依然低迷しているものの，受注実績は回復基調が鮮明になっている。

用途別に受注の内訳みると，貨物船は同4倍増の62隻，同235万2088総㌧。油送船は同2倍増の17隻，同6.2%増の25万2951総㌧となり，貨物船の受注の伸びが顕著になっている。

竣工の内訳をみると，貨物船が同25.8%減の109隻，同35.2%減の416万1354総㌧。油送船が同29.8%減の33隻，同14.2%減の155万7607総㌧。自動車航送船が同20%減の4隻，同75.8%減の1万1464総㌧。その他が同33.3%減の2隻，同42%減の6947総㌧となった。

この統計を受けて，日本造船工業会の宮永俊一会長（三菱重工業）は会見で「今後は2010年前後に大量に竣工した船舶の代替建造需要に加え，世界的な環境規制強化の流れによる代替も見込まれる」などとコメント。溶接機材関係者も「造船は回復基調で来年以降のめどを立てた造船所もある」（溶接材料メーカー），「今期に入り新造船の商談が活発化し，約2年分の線表は埋まっている」（同），「中小規模の造船会社が一定の受注を確保したと聞く」（溶断機メーカー），「船種によっては線表が来年末まで埋まってきているようだ」（溶材商社）などの声も聞かれ，造船市場の回復に向けた期待が各所で高まっている。

造船の建造工程では溶接が多く用いられる

■造船における溶接・切断工程の現状

　大きなブロックを先に作り，それらを溶接して一つの船に作り上げていく船の溶接工程は，溶接ロボットの導入が他業種ほどには進んでいない。ブロックが巨大であるためひずみ等による誤差が大きく，また後工程になるほど誤差が蓄積されるため，自動化しても手直しが必要になるからだ。

　とはいえ，生産効率改善は永遠の課題だ。そこで，「i-Shipping」（海事生産性革命）と銘打った国土交通省の補助事業が16年から継続して行われている。溶接関連の技術開発も採択されており，一部は実用化にたどりついている。業界2位のジャパンマリンユナイテッド (JMU) は「NC(数値制御)データ不要の溶接ロボット」と「溶接作業のモニタリング技術」の開発事業を行っている。「モニタリング技術」は次のような仕組みだ。

　電流値を1秒周期で測れる計測器を開発し，アークのオン・オフのタイミングとともに測って時系列で表せるようにした。アークタイム率(アークのオン時間/労働時間)などの各データは，個人・班・事業所別でまとめ，班長以上が閲覧できるようにした。これで他との比較でできるようになり，今後，効率改善につなげる。溶接機を使う作業場は無線通信できない場所が多いため，一度スマートフォンにデータを送ってから社内のデータベースへ送るようにしている。今後，溶接だけでなく，他工程のモニタリングも進める予定だ。

　新来島どっく，名村造船所らは切断機メーカーの小池酸素工業と共同で「工場見える化システム」を開発中だ。土台となるシステムを作り，細部は各工場で調整できるものを目指す。システムとNC切断機のアークタイム管理システム「アークタイムウォッチャー」とを連携させ，稼働データをシステム内に取り込むところまで開発は進んでいる。まだ開発途上で，継続して実証を続けている。

　常石造船が取り組む「レーザとアークのハイブリッド溶接」も開発中で，長距離の溶接には課題があるため，まずはパイプの突合せ溶接で実用化を目指す。

■追い風なるか，行政からの支援

　こうした中，国土交通省は8月20日付けで「海事産業の基盤強化のための海上運送法等の一部を改正する法律の一部の施行期日を定める政令」を施行した。同法は，公的支援を背景とした中韓勢から低船価競争を強いられるとともに，コロナ禍による一層の市況低迷により厳しい状況となっている造船業が，今後も地域の経済・雇用や我が国の安全保障に貢献し，船舶を安定的に供給できる体制を確保するために，生産性向上や事業再編を通じた事業基盤の強化を支援するもの。また同法は，供給側の造船業だけでなく，需要側の海運業の両面からの総合的な施策により好循環を創出しようとするものであり，船舶需要の回復が本格化すれば，相乗効果でさらなる景気好転が期待できる。

　日本造船工業会の宮永俊一会長も6月に開いたオンライン会見で「同法に定められた事業基盤強化計画認定制度と特定船舶導入計画認定制度を最大限に活用しつつ，海事クラスター内での連携や協業の強化等，業界として最大限の努力を傾注していく」と期待感を示した。同法が造船業界再生への追い風となることを期待したい。

# 2021年ものづくり関連・話題のワード

デジタル技術の普及拡大により、産業界においてはものづくりに大きな変革が起こりつつある。

代表的な技術としては IoT（Internet of Things＝モノのインターネット）が挙げられるが、今では一昔前までは考えもしなかった技術の登場により、高速、高品質、高精度なものづくりが実現している。

そうした変革を支える技術を知っておくことは、今後の営業を展開していくうえで非常に大切なことである。昨今、巷で飛び交うようになったもものづくりに関する話題のワードを取り上げ、具体例を挙げながらその内容を解説する。

## DX（デジタルトランスフォーメーション）

未来の産業界を支える技術として高い注目を集める DX（デジタルトランスフォーメーション＝最新のデジタル技術を駆使した，デジタル化時代に対応するための企業変革）。しかし，昨年末の経済産業省の「DX レポート 2」によると，国内企業の DX 着手割合は約 5％であり，特にデジタル化が進みにくいとされる製造業者は 5％未満が想定される。その一方，中堅規模でありながら積極的にＤＸを進める溶接事業所もある。DX によって「いつ」「どこで」「誰が」「なにをしたか」など，いわゆる生産工程の「見える化」を図ることで成果を上げるのが狙いだ。

ステンレス，アルミ，軟鋼など，幅広い金属の溶接，組立，曲げ加工などを手がけている福岡県の企業では，溶接業務に対して，誰が，どの素材を，どれだけの時間を費やして，何円の売上・利益になっているのかを一元管理する ITシステムを導入した。

2010 年に見える化への取り組みを開始し，システムをカスタマイズしながら突き詰めていくことで，「受注案件の優先順位」が感覚ではなく，コスト，時間，マンパワーなど独自の基準として定まったという。その結果，同社の売上は 1.6 倍になり，収益率は 5 倍にまで上昇した。

産業機械や医療用機械向けのステンレス製筐体および部品などを，ティグ溶接やレーザ加工などで生産する埼玉県の精密板金加工業者は，全従業員にタブレットを支給。これにより，例えば溶接作業指示書にあるバーコードを溶接士が溶接の着手前，中断，再開，完了後などにタブレットのカメラで読み取ることで，誰が，どの製品を，どれぐらいの時間を使って溶接しているかなどの情報を社内のネットワークによって共有・蓄積し，工程管理に反映することができた。

特に，同社は本社工場のほかに 2 ヵ所の生産拠点を持つため，溶接士などが入力したデータは社内ネットワークを通して蓄積・共有化され，全ての工程の進捗状況が社内ネットワークを通してつながり，各工程ごとに設置した大型モニターによって，どこの工程においても詳細な進捗状況を把握できる「見える化」を実現。工程における問題点や課題をいち早く把握するなど，スムーズな工程管理を可能にした。

このように，溶接においても DX に対する事例は少しずつ増えてきている。しかし，本来 DX とは，既存技術にデジタルの力をくわえて事業をトランスフォーム（変換する）ことを意味する。トヨタが取り組む，従来の自動車製造技術とデジタルの力で「人々の暮らしを支えるあらゆるモノやサービスが情報でつながる街をつくる（ウーブン・シティ・プロジェクト）」などのように，デジタル技術を駆使し，現状から一歩踏み出した，新たな事業を生み出していく取り組みが重要といえる。

ちなみにデジタルトランスフォーメーショなのに，なぜ「DT」でなく「DX」なのか。答えは自らインターネットなどで調べてもらい，これからのものづくりに対する理解を深めていただきたい。

# 金属AM（金属アディティブ・マニュファクチャリング）

　金属アディティブ・マニュファクチャリング（金属AM）は，レーザや電子ビームを熱源に金属粉やワイヤを溶融・凝固して積層する造形法で，最近では，アーク溶接を応用したAM技術も登場するなど溶接関係者の関心も高い。適用分野も従来の試作開発用途から，航空宇宙，自動車，医療など実製品の生産へと広がりを見せる。

## ■金属AMの基礎

　金属AMはその造形方法や熱源によってパウダーベッド方式（PBF）とデポジション方式（DED）に大別される。PBFは一般的に，チャンバー内に敷き詰めた金属粉末に，レーザ（LPBF）や電子ビーム（EBPBF）を走査しながら，一層ごとに造形をする。複雑な形状の造形ができるのが特徴だが，造形スピードが遅く，チャンバーの制約から大型部品への適用が難しいといった課題がある。

　またDED方式はノズルから溶融材料を噴出させるなどの方法で直接的に造形を行う手法。レーザや電子ビームの他，アークなど多様な熱源を使用でき，造形スピードが早いのが特徴だ。

　近年ではアーク溶接を応用したプロセスの「WAAM」など，より溶接に近い手法も注目を集めている。従来の溶接材料が使用できる場合も多く，これまでの溶接で培ったデータが生きる手法として期待されている。こうしたDED方式は大型部品の製造に適しているが，微細な造形は難しく，造形後に切削などの後加工が必要となる場合がある。

## ■金属AMの可能性と課題

　金属AMで必要な量の材料を積層することで，従来の製品と比べて大幅なコスト削減が期待できる一方，課題も多い。一つは高額な装置価格。もう一つの課題が造形部品の強度や信頼性の確保だ。溶接と同様に金属の溶融凝固による残留応力の発生から，様々な欠陥が予期される。インラインでの品質評価や非破壊検査手法の確立も求められている。

　AM特有の金属溶融現象や，特徴を生かした部品設計ができる人材が世界的に不足している。「早期の技術者人材の育成が求められると同時に，これまでの溶接分野の知見が生かせる」（重工メーカー担当者）と溶接技術者への期待も高い。

## ■広がる採用事例，JAXA次世代ロケットに採用

　宇宙航空研究開発機構（JAXA）は，今年度中の打ち上げを目指し，現在開発中のH3ロケットエンジン「LE-9」のターボポンプや噴射機部品の製造に金属AMの適用を進めている。

　JAXAはH3ロケットの開発にあたり「ロケットの国際競争力の強化を命題とし，従来のH-ⅡAロケットの半額のコスト」を目標に掲げた。

　複雑な形状や，溶接やろう付など高度な熟練技能が必要となる工程に金属AMを取り入れた。三菱重工業などがAM技術開発に関わり，従来の構造から大幅な軽量化を実現している。打ち上げ成功による信頼性の確保によって，さらに金属AMが産業界に波及するかに注目が集まる。

# AI（アーティフィシャル インテリジェンス）

　AIとは人工知能（Artificial Intelligence ＝アーティフィシャル　インテリジェンス）の略称で，1956年，アメリカのダートマス大学で開催されたダートマス会議において計算機科学者・認知科学者のジョン・マッカーシー教授によって提案された。一般的にAIと聞くと，囲碁や将棋ソフトに代表されるように，「莫大なデータを取り込み，処理することにより人間の知能に匹敵，あるいは凌駕する事象を実現させるコンピュータ（ソフトウェア）」という表現が適切かと思われるが，実際には各研究者によってとらえ方が様々であり，これといった定義がなされていないのが実態である。

　いずれにしても，コンピュータに人間と同じような知能を持たせ，それを我々の仕事や生活の中に取り入れることで，さらに便利で豊かな未来を築こうとするのがAIの本来の目的といえる。

　そのAIについては，ものづくり分野に関しても現在，溶接機などで応用されている。例えばAIによりパルス波形を最適な形へ自動で調整することができる技術は，スパッタの少ないビードが得られ，初心者からベテランまで誰でも簡単に高能率で高品質な溶接が行える点をPRポイントとする。

　溶接ビードの検査についても，蓄積した豊富な溶接実績をあらかじめ学習させたAIエンジンを標準搭載することで，導入後，新たにデータを学習させることなくすぐにAIによる外観検査が行えるシステムが発売されている。

　さらに溶接ビードの検査については，ディープラーニング（深層学習）により，品質の良否判定を人の目を介さず簡単に行えるシステムも実用化されている。

　手法としては，溶接ビードの良品，不良品のサンプル画像をそれぞれPCに取り込み，ディープラーニングで学習させる。それを生産ラインに設置したカメラでワークを読み込めば，高い確率で良否を判定することができる，というもの。このような場合，通常では数万枚のデータが必要と言われているが，数百枚オーダーで可能なシステムも登場しており，ソフトさえ購入すればインテグレータに依頼することなく，自社で不良品検出のシステムを完結することができる。外注が不要になりコスト低減にも貢献できるほか，製造工程の情報流出を防ぐことができるなどのメリットも生まれる。

　レーザ加工機でも，加工機内の独自センサが加工不良を検知し，加工条件を自動で調整する製品が発売されている。これにより，安定した連続加工が実現し，トータルな生産性が向上するなどの効果が見込める。

　このようにAIは，生活面でも産業面でも，人類にとってなくてはならない技術になろうとしている。

# 2021年・高圧ガス溶材商社における コロナ禍の取り組み

2019年暮れから始まった新型コロナウイルス感染拡大は，人と人との距離を遠ざけ，これまで基本とされていた「対面式」の営業機会を激減させた。対面できないということは思うように意思や思いが伝わらないため，せっかくのビジネスチャンスを逸することにもなり，ひいてはそれが業績面に影響を及ぼした企業もあったことだろう。

2021年10月現在，第5波は収まってきているものの，第6波の懸念は依然として続く中，高圧ガスや溶接機材を扱う流通各社ではどのようにしてこの苦境を乗り切ろうとしているのか。高圧ガス溶材商社，高圧ガスディーラー，機材専門商社それぞれの立場から，現状と新たな取り組みについて取材。コロナ禍における営業のあり方を追った。（社名50音順）

## オンラインでの取り組み推進 　　　　　鈴木商館

鈴木商館（東京都板橋区，鈴木慶彦社長）が中心となって，溶接や産業ガス，化学品，低温機器などの関連した事業者が組織する「鈴商会」は，例年，東京・文京区のホテル椿山荘で開催していた会員向け勉強会「鈴商会サマースクール」を，新型コロナウイルス感染症拡大の影響により，初めてZoomによるオンライン形式で開催した。

これについて，鈴木商館の鈴木宏之取締役は「コロナ前のサマースクールへの参加者は41名だったが，オンライン開催で自宅から気軽に参加でき，遠方からの参加も増えたことで70名の方々に参加頂けた。また，講習時の板書の見えやすさやグループディスカッションは，オンライン化の長所でもある。一方で（対面による）懇親会も会員同士の親睦に大きな役割を果たしているので，収束後はオンラインと対面合わせての開催も検討したい」とコメントしている。

**Zoom で行われた鈴商会サマースクール**

鈴木商館においても長引くコロナ禍で，対面での営業活動に影響が出ているが，鈴木取締役は「当社では顧客に合わせてオンライン面談を進めている。しかし，それが出来ているのは，日頃から多く面談を行っているところが大半を占める。表敬面談などは，オンラインでもお断りされるケースが増えている。中小企業では，仕事上やむを得ない訪問の場合，オンラインではお互いに仕事が回らないケースも多い。これからもオンラインで問題ない仕事はオンライン面談でもよいが，必要な顧客への訪問面談は感染対策をしっかり取って実施して行く」としている。

また，コロナ禍で進行するデジタル化の流れについては「本社や一部の営業対応は在宅での仕事は十分可能だが，商品の出荷業務をしている営業所においてはリモートという訳には行かない。これは我々の業界だけに限ったことではなく，日本のものづくり産業全体に関わることである。また，シリンダーガス工場では重い鉄の固まりであるガスの容器を移動，運搬していて，安全確保の面からも人による作業が欠かせないことが多くある」と述べ，今後，少子高齢化が進むことで，デジタル化よりも自動化・無人化を進めることが必要ではないか，としている。

## オンライン商談ツールを活用 　　　　　巴商会

新型コロナウイルスの感染拡大によって，溶材商社においても対面営業が難しい状況が続いている。こうしたなか従来とは異なる独自の営業スタイルや取り組みといった創意工夫で顧客に提案する企業も多い。

巴商会（東京都大田区，深尾定男社長）は，マーケティング支援Webツールを活用して非接触型提案営業を積極的に行っている。自社が取り扱う製品のカタログや動画などの情報発信はもちろん年に3回のメールマガジンの発行，

コラムの配信を通じて顧客への提案営業に努めている。

また，Web上ではオンライン展示会にも出展し，こちらは365日24時間開催されている。

展示会場では超低温試料保存容器「MVE　Fusion 1500TM」をはじめとするライフサイエンス関連製品や廃エネルギーや空きスペースを利用した陸上養殖など水産養殖関連のサービスや製品なども数多く紹介している。来場者は関心のある製品をクリックすることで特設サイトに移動し，その特徴や画像，また動画による詳しい説明を見ることができる。

なお，凍結保存容器市場は今後も需要増加が見込まれることから，巴商会では液体窒素を消耗しない画期的な商品である

オンラインで商談を行う様子　　　　画面の様子

MVE Fusion 1500TM や丈夫な軽量アルミニウム製の MVE クライオシッパーシリーズといったライフサイエンス関連製品の専用サービスサイトについてもこの10月に立ち上げて更なる販売展開を進めている。

このほか，自社ホームページ内では水産グループが取り組む横浜養殖試験場についても紹介。水産養殖向け酸素ファイター「TOMシリーズ」を用いて自社で実際に養殖したクエやキジハタといった魚の成長過程を見ることができる。

養殖担当者とは，オンライン商談ツール Teams を活用し，直接話をすることも可能だ。コロナ禍だからこそ，新たなビジネスモデルを構築し，顧客との密な関係を築く巴商会。今後は，ウェブ上のシンポジウムなどにも参加し，広く製品情報やサービスの周知に努めていく方針だ。

## 「絆」を深めコロナ禍乗り切る　　　　日東工機

日東工機（東京都港区，吉岡良三社長）は卸専門商社としてメーカーと販売店の橋渡しをしている。単にモノを卸すのではなく，メーカー，問屋，販売店，ユーザー間の連携から生み出される「絆」を大切にしている。サッカーのリベロやボランチのようなポジショニングで，時には前線へ攻め上がり（販売店と共にユーザーを訪問），ある時は中盤でゲームメーク（メーカー同行の調整），そして後方も固める（ユーザーや販売店向けの講習会を企画・実施）など，ボール（モノ）も動かすが，プレーヤーを生かしプレーヤーに生かされるゲームスタイルで，長い時間をかけて築きあげた「絆」こそが独自のネットワークとなっている。

代表例は，長年取り組んでいるチャレンジセールで，例年11月に旅行とゴルフを企画し，得意先である販売店，仕入先であるメーカーと共に，リラックスした時間を過ごす。毎年楽しみしている参加者も多く，年末（本年度は2022年3月実施）に向け仕入先・販売店と協力し，目標達成に向けた張り合いやリズムが生み出される。

10年程前からは，展示即売会「チャレンジフェア」を開催している。メーカーや仕入れ先の最新商品の情報を提供し，販売店やユーザーが集うスタイルも定着した。2年に1度の開催だが，上層部主導ではなく若手の意見を反映させ，企画会社に頼らない自社運営である。リーダーを任された若手が飛躍するきっかけとなるため，社員のスキルアップという側面も持ち合わせ，全社を挙げたホスピタリティで臨む。

ユーザーとの直接取引はないが，ユーザーの役に立ちたいという思いからスタートさせた自社カタログ「チャレンジ通信」は，販売店がコミュニケーションを図るツールとなっている。6カ月に1回発刊し，売れ筋や注目商品を掲載しているが，コロナ禍において訪問が限られているなか，有効な提案として喜ばれている。

卸業としての不動の信頼を得ているためオープンな関係構築が可能で，販売店（顧客）と共にユーザー（顧客の顧客）訪問し，そこで得られた情報や困りごとをメーカー（仕入先）へフィードバックするなど，「絆」の拡充と充実こそがコロナ禍などの危機を乗り越える同社の戦略である。

## SNS活用で最新情報発信　　　　冨士山

新型コロナウイルス感染拡大が続いた2021年。高圧ガス溶材販売業界では，昨年に引き続きユーザーへの訪問自粛

などで，満足に営業活動が行えない日々が続いた。そのような中，独自のアイデアで苦境を乗り切ろうと，様々な取り組みにチャレンジした高圧ガス溶材商社がある。今年，創業60周年を迎える冨士山（神奈川県相模原市，大宮冨士雄社長）だ。

同社が取り組んだのは「コロナ禍でも停滞させない情報発信の仕組みづくり」である。八子利佳取締役営業部長によると「当社の従業員は6人で，そのうち女性が4人。営業担当は私一人で，コロナの前からユーザーからの注文や問い合わせ対応に忙殺される日が続いていた。そのような中，全ユーザーに分け隔てなくチラシなどの情報を提供するのはマンパワー的に非常に難しく，結局うまく伝えられないまま終わってしまう情報も少なくなかった」という。

その解決策として，昨年10月から知識に長けた専任の女性従業員を雇用し，既存の双方向システムを利用したスマートフォンによる情報提供の仕組みづくりに着手した。これにより，迅速かつ的確な情報提供とともに，営業コストの削減が見込め，そのコストをユーザーに還元できると考えたからだ。

八子部長は「チラシ配布などの営業活動をするということは，車代，ガソリン代に加え，移動時間の人件費など様々な経費がかかる。そういう経費を発生させないことで，ユーザーへの価格的なメリットを提供できるのではないかと考えた。また，かねてから命題として掲げていた，時間的制限や自動車免許の有無にとらわれない『女性の就業機会の創造』にも貢献できると思った」という。

具体的にはスマートフォンを使い，チラシなどの情報をPDFでユーザーに配信。それに対する問い合わせを電話でもメールでも受け付けることができる，というもの。システムは昨年12月から稼働を開始。現在は全ユーザーの約30％に情報を配信し，情報に対するユーザーからのリアクションだけでなく，注文も受けつける体制を整えている。

「システム登録への勧誘は請求書にチラシを入れるなどして取り組んだが，経理でとどまるケースも少なくない。今以上，登録者を増やすためには人海戦術でPRしていくしかないかもしれない」と八子部長は苦笑するが，「これまでユーザーからの問い合わせは私が一手に引き受けてきたが，今ではシステムを構築してくれた女性担当者が対応に当たれるようになり，私に時間的余裕が生まれた。成熟した業界で生き残っていくためには，新たなことにチャレンジする必要がある。それを見つけ出し，成長させていくことが私の役目だと思っている」と八子部長は目を輝かせる。

内容についても，「面白いと思ってもらえることが登録者アップにつながる」との考えから，このほど漫画による社員紹介コーナーを立ち上げた。社員のキャラクターやエピソードなどを連載形式で紹介するもので，現在は八子部長の人となりが掲載され，ユーザーから大きな反響を集めているそうだ。

一方，小規模事業者持続化補助金（コロナ特別対応型）を活用し，ホームページのリニューアルにも着手した。企業情報以外に，ユーザーから問い合わせの多い高圧ガスに関する基本的な情報や，ホームページでは掲載しきれない高圧ガスの使用用途などの情報を動画を組み入れながら掲載している「冨士山　玉手箱」が目玉コーナーで，今後は取り扱いメーカーや，商品選定に関する話なども随時更新していく予定だという。

ホームページのトップ画面には，ロケット打ち上げの写真とともに「この世界はすべての夢を叶える準備ができている」というキャッチコピーが躍る。宇宙が大好きな八子部長が，ロケットを打ち上げられるまでになった人類のチャレンジに対し「着実に歩みを続けて行けば，夢は必ず実現する」との思いから生まれた言葉だ。コロナ禍で苦境が続く高圧ガス溶材販売業界だが，「ユーザーの目指すところを形にする存在でありたい」（八子部長）という同社のチャレンジは，これからも続いていく。

SNSを活用し
ユーザーへ情報を発信

ホームページのトップ画面

冨士山マンガ

## ウェブ展示会などで需要を喚起

# マツモト産業

「誠実・努力・明朗」を社訓とするマツモト産業（大阪市西区，吉田充孝会長兼社長）は1919年創業の溶接・切断分野に特化した専門商社。100有余年の歴史を持つ同社は現在，大阪の本社をはじめ，東北，関東，中部，関西，中国，四国，九州に7つの支店と8つの商品センター，および33もの国内営業拠点を持ち，アメリカや中国，メキシコ，タイなど5つの海外事業拠点を有する。また，マツモト機械（本社・大阪府八尾市老原，清水弥社長）をはじめ，高圧ガス製造販売のトーヨー，溶材商社の南海熔材，レンタル事業のヤサカ産業，システムインテグレータのナゴヤウェルによりマツモト産業グループを形成。全国各地を網羅するネットワークと，豊富な人材・商材を駆使することで，地域に密着した迅速かつ，きめ細かな営業・提案活動を展開している。

同社最大の強みは，単に既存の製商品を仕入れ，顧客に届けるという流通機能だけでなく，時にはメーカーポジションとして，よりニーズに即した，より使い勝手の良いものやサービスをゼロから創造し，提供する『メーカー商社』としての機能を持ち合わせていることだ。

これを可能としているのが，専門商社として長年培ってきた溶接に関する豊富な知識や経験，ノウハウおよび営業マン個々のスキルの高さ。これに加え，グループの中核企業であるマツモト機械の存在が大きい。同社はアーク溶接装置やレーザ溶接装置，切断装置をはじめとした各種ロボットシステムや自動化・省人化機器・装置および溶接関連機器やジグなどを手懸ける設備機器専門メーカーで，1964年の設立以来，マツモト産業とともに製販一体の取り組みを展開し，様々なものづくり現場に欠かせない，「MAC」ブランドの浸透を図っている。「MAC」という商標は，マツモト産業（マツモト・アンド・カンパニー）を示しているのではない。Mutual（相互の・共同の）・Assistance（援助・助力）・Cooperation（協力）のそれぞれの頭文字をとったもので，互いの援助と協力を意味し，「製品を造る人，売る人，買う人が一体となって時代の要求に応えていきたい」という願いが込められている。

マツモト産業本社社屋

このMACブランドのもと，同社では現在，メカトロ製品やFAシステムを手懸ける「メカトロ機器」，新素材や加工法，用途開発を担当する「金属材料」，各種溶接機器や電動・エア工具や荷役・搬送機器などを扱う「産業機器」，省エネルギーや安全衛生，防災関連機器，作業環境改善製品などの「エコロジー」----の4事業を柱とし，中でも溶接機器・設備や溶接ロボット，レーザ加工機などでは，業界屈指の導入実績を誇る。

一方，マツモト産業の代表的な事業戦略の1つに，販売店組織「MAC会」をはじめとした地域の溶材商社，および仕入先メーカー組織「MACメーカー会」とタイアップして全国各地で開催する大規模展示即売会「ウェルディングフェスタ」が挙げられる。東京・名古屋・大阪の大都市圏をはじめ，東北や中国・四国，北陸，九州など全国の主要都市10数会場で毎年開催し，それぞれのマーケット需要に対応する。

現状のコロナ禍，同社では新しい取り組みや手法による提案活動や情報発信に努めている。例えば，従来のような対面営業が難しい中，前述のマツモト機械製品を核としたウェブ展示会の開設や，リモートでの各種情報発信に注力しているほか，販売促進キャンペーンやセールなど，様々な企画で需要喚起に努める。

また近年では，ものづくり現場の作業環境改善に着目したビジネスを展開。LED照明や空調服，安全帯，各種防災関連商材などの取り扱い商材の充実を図るとともに，「特定化学物質障害予防規則及び作業環境測定法施行規則」（特化則）に関する専門的なスタッフも配し，相談業務や的確なアドバイスなどを行っている。また，社員の中には，溶接管理技術者WESの有資格者も在籍するなど，「溶接のプロ集団」として社内の人材強化・育成にも余念がない。

このほか，大規模な展示即売会が行えない状況下，商品や商材を絞り，限定的なマーケットを対象とする展示即売会「溶接まつり」という新たな手法にも精力的に取り組んでいく。

このようにニューノーマル時代を見据え新たなビジネスモデルの構築を模索するマツモト産業。ただ時代や仕組みが変わろうとも，専門商社として，またメーカー商社として1世紀に亘り培ってきたユーザー，販売店，メーカーとの「信頼と絆」が同社ビジネスの根底にあることに変わりはない。

# 「溶接はおもしろい」を体感しよう

## 「溶接でつくってみよう IRON　CRAFT　RECIPE2　趣味と溶接」好評発売中

　今，女性や大人の趣味として DIY が人気である。自分のライフスタイルにピッタリなインテリアを手作りできたら，毎日の生活がより一層楽しくなるであろう。

　しかし，インターネットやテレビなどでよく見かける DIY アイテムのほとんどは木製だ。鉄などの金属を使った DIY はなかなか目にすることは少ない。

　鉄などの金属で自分だけのインテリアや雑貨，オリジナルグッズをつくったり，古くなった手すりや椅子などの修理をするには溶接は欠かせないもの。これらを溶接を用いて自分で手作りできたら，より一層，溶接することが楽しくなるのでは。

　そこで産報出版では，「溶接で DIY に挑戦！自分だけの作品づくりを楽しもう」をテーマに，「溶接でつくってみよう IRON　CRAFT　RECIPE2　趣味と溶接」（定価 1430 円）を刊行。現在発売中だ。本書は，「溶接はおもしろい」をコンセプトに，溶接に従事する方々をはじめ，一般の方々からも好評を得た IRON　CRAFT　RECIPE 第 1 集から，第 2 弾として発刊。さらに充実した溶接アートギャラリー集も収録し，見ても楽しめる内容とするとともに，溶接作品の制作レシピも初心者から中級者までチャレンジできるアイテムを取り上げた。溶接に興味があったり，これから溶接を学ぼうと考えている人や，少しでも溶接に触れてみたいという人にとって溶接を身近に感じることができるとともに，実際に溶接に係わる仕事に従事している人にとっては，クラフトマン魂をくすぐるような内容にもなっている。

　一部内容を紹介すると，溶接を制作手法としたインテリアや小物を写真で紹介するとともに，初めて溶接に触れる人でも作りやすい簡単な DIY のアイデアや，最初に用意すべき定番グッズ，必要な基礎知識について解説。さらにはそれらの制作レシピについても紹介している。

　巻頭グラビアでは，溶接でつくるアート作品，溶接で制作したオブジェや，雑貨が大好きだけれども市販のものでは物足りないと感じている人に向けて溶接で制作したインテリアや小物を収録。どれも溶接，切断，ベンディングなどの手法を組み合わせてさまざまな表現を可能とした芸術性の高い作品となっている。

　本書の第 1 部では，「DIY に金属を使ってみよう」をテーマに，材料となる金属を選択する上で知っておきたいこと，金属加工での留意点，溶接の基礎知識と原理，溶接機の選び方から溶接を行うための準備として安全に溶接するためのアイテムを紹介，安全に溶接するための留意事項，上手に溶接するためのコツについて解説。

　第 2 部では，「溶接で DIY に挑戦」をテーマに，作品づくりで役立つアイテムを紹介。制作に役立つ自分だけのオリジナルジグの作り方を解説している。

　第 3 部では，「溶接でつくる作品レシピ集」として，鉄の持つ素材感や色，特有の温かみに溢れる小物から雑貨まで，その制作レシピを公開している。

　溶接を用いた DIY を成功させるには，既存の製品を良く見て，どのような構造になっているのかを確かめることがキーポイントとなってくる。そこに独自のアイデアを活かし，簡単な設計図を実際に描いてみて，溶接という手法を用いて自分だけのアイアン・クラフト・レシピを完成させてみてはどうだろうか。

さぁ、金属を使った DIY を始めよう！

# 溶接でつくってみよう
# IRON CRAFT RECIPE ②
## ―趣味と溶接―

B5 判 64 頁　価格：1,430 円（本体 1,300 円＋税 10％）

　DIY ブームの昨今、溶接を手法としたインテリア、小物作りに取り組む人に向けて「溶接にはどんな道具が必要か」「どんな材料が溶接できるか」「溶接ではどんなものが作れるか」などを解説した手引き書の第二弾。
　どこにも売っていない、鉄と溶接でできた自分だけのインテリアづくりにトライしてみては。
　巻末にはワークショップ一覧を収録。

スマートフォン用スタンド、ティッシュケース、ランプスタンド…

こんなものまで
作れる！

ワークショップ一覧収録

溶接アート作品集収録

溶接でつくるアート作品
第 1 部　DIY に金属を使ってみよう
・金属を選ぶうえで知っておきたいこと
・金属加工で留意することは？
・溶接で DIY してみよう（溶接の基礎知識，溶接の原理，溶接機の選び方は？）
・溶接を行うための準備をしてみよう（安全に溶接するための必須アイテム，安全に溶接するための留意事項，上手に溶接するためのコツは？）
第 2 部　溶接で DIY に挑戦
・作品づくりで役立つアイテムを揃えてみよう
・オリジナルジグを作って使ってみよう

第 3 部　溶接でつくる作品レシピ集
　スマートフォン用スタンド
　ティッシュケース
　ランプスタンド
　キースタンド
　サイドテーブル
ワークショップのご案内

# 産報出版株式会社
http://www.sanpo-pub.co.jp

書店にない場合は上記の当社ホームページでもお申し込みいただけます。

●東京本社：〒101-0025 東京都千代田区神田佐久間町1-11
　TEL：03-3258-6411　FAX：03-3258-6430

●関西支社：〒556-0016 大阪市浪速区元町2-8-9
　TEL：06-6633-0720　FAX：06-6633-0840

# 溶接の資格ガイド

## JIS を中心に、業種・材料別の資格が必要なケースも

「溶接」は多くの産業分野で製品の信頼性を支える基盤技術として用いられている。自動化が進む中でも，依然として溶接士の技量に負うところが大きく，JIS を中心とした溶接技能者資格の保有者のニーズは高まっている。また溶接施工全体を管理する「溶接管理技術者」をはじめとした専門資格が求められるケースも増えている。

### ■資格の種類

日本溶接協会は，溶接管理技術者，溶接技能者など要員の資格を認証する要員認証機関の第 1 号として，1999 年 3 月に日本適合性認定協会から認定された。鋼構造物の溶接施工に欠かすことのできない溶接管理技術者および国内規格（JIS）による溶接技能者の資格は，このシステムに基づいて認証されている。

### ■溶接管理技術者

鋼構造物の製作に当たり溶接・接合に関する設計，施工計画，管理などを行う技術者の資格。JIS Z 3410（ISO14731）/WES8103 で規定された溶接関連業務に関する知識及び職務能力について，評価試験を行い資格の認証を行う。

この資格は，JIS Z 3400「溶接の品質要求事項―金属材料の融接」で要求されている溶接管理技術者に必要な資格であり，建築鉄骨の製作工場の認定要件にもあげられるなど，広く一般の溶接構造物の信頼性安全性の確保に対する社会的要請に応える資格として活用され，公的にも国際的にも認識されている。日溶協では毎年 6 月と 11 月に特別級，1 級，2 級の評価試験を実施。溶接管理技術者のための研修会も毎年 4 月と 8 月下旬から 9 月にかけて全国各地で行っている。

### ■溶接技能者

鋼構造物の製作で溶接作業に従事する溶接技能者の資格であり，溶接作業を行う技能者の技量を一定の基準（JIS，WES など）に基づき全国で評価試験を行い，資格の格付けと認証を行う。

この資格は発注者からの溶接施工に関する仕様書などで要求される溶接品質を確保するために，製作者が信頼性を証明する手段の一つとして，広く一般の溶接構造物の信頼性，安全性の確保に対する社会的要請に応える資格として活用されている。

さらに，資格者は溶接管理技術者および溶接作業指導者の指揮下で，鋼構造物の溶接作業に従事するのが一般的となっている。日溶協が実施している「溶接技能者認証」は，日本の代表的な溶接技術検定制度であり一般的には「JIS 検定」として知られる。

主な資格の種別は手溶接技能者，半自動溶接技能者，ステンレス鋼溶接技能者など。資格の種類は溶接方法，溶接姿勢，試験材料の種類と厚さ，溶接継手と開先形状，裏当て金の有無などにより区分されている。

また日溶協では 2015 年から JIS，WES などの国内規格に基づく溶接技能者の認証とは別に，国際規格 ISO9606-1 に基づく溶接技能者の認証も開始している。試験は実技試験のみにより行い，溶接方法，継手の種類，溶接材料，溶接姿勢などが記述された溶接施工要領書に従い溶接された試験材により評価される。

### ■溶接作業指導者

溶接現場で状況の変化に応じて処置判断を行う「作業長」や「班長」など現場で指示・監督する立場にある「溶接作業指導者」の能力を認証する基準である WES8107「溶接作業指導者認証基準」に基づく資格認証。　熟練した溶接技能と実務経験を重要視するため，受験資格は満 25 歳以上とし，一定の技能資格の取得と実務経験を条件とする。

日溶協が行う，溶接の一般的な知識に加えて，品質管理や安全管理，設計および非破壊検査の基本的な知識を学ぶ 3 日間の講習会と筆記試験を前期（5 月）と後期（10 月）の年 2 回行っている。

このほかにも，アルミニウム合金の溶接を対象とした溶接資格（軽金属溶接協会）や，建築鉄骨，鉄筋接手などを対象とした溶接資格の認証が関連団体などで実施されており，必要に応じた資格の取得が求められる。

# 資格取得なら欠かせない一冊！

## 溶接関連資格取得のための必携書
# 溶接検定試験受験参考図書シリーズ

溶接管理技術者や溶接技術者に求められる溶接に関する基礎知識の習得と、溶接技量向上のために、資格の取得を要求する傾向が社会的にますます高まってきている中、身につけるべき溶接関連資格取得を目指す人に欠かせない本格派の必読書です。

| | |
|---|---|
| 新版 JIS手溶接受験の手引 | 2,200円 |
| 新版 JIS半自動溶接受験の手引 | 2,409円 |
| 新版 JISステンレス鋼溶接受験の手引 | 2,409円 |
| JIS銀ろう付 受験の手引 | 2,200円 |
| JIS プラスチック溶接 受験の手引 | 2,200円 |
| JIS チタン溶接 受験の手引 | 2,200円 |
| 新版 アーク溶接技能者教本 | 855円 |
| 新版 ガス溶接技能者教本 | 641円 |
| 新版 アーク溶接粉じん対策教本 | 660円 |
| 溶接・接合技術総論〔特別級・1級用テキスト〕 | 9,350円 |
| 新版改訂 溶接・接合技術入門〔2級用テキスト〕 | 4,125円 |
| 新版 溶接実務入門【増補3版】〔WES8107 主テキスト〕 | 4,125円 |
| 筆記試験問題と解答例【2級】2021年度版 | 1,887円 |
| 筆記試験問題と解答例【特別級・1級】2021年度版 | 2,096円 |

※価格はすべて税10%込みの表記です

# 産報出版株式会社
### http://www.sanpo-pub.co.jp
書店にない場合は上記の当社ホームページでもお申し込みいただけます。

●東京本社：〒101-0025 東京都千代田区神田佐久間町1-11
　　　　　　TEL：03-3258-6411　FAX：03-3258-6430

●関西支社：〒556-0016 大阪市浪速区元町2-8-9
　　　　　　TEL：06-6633-0720　FAX：06-6633-0840

**MEMO**

**MEMO**

# 新版　溶接機器・材料・高圧ガスの基礎知識
### —— 溶材商社営業マン向けスキルアップ読本 ——

| | |
|---|---|
| 発　行　日 | 令和3年10月29日　初版第1刷 |
| 編集・発行所 | 産報出版株式会社 |
| | 〒101-0025　東京都千代田区神田佐久間町1-11　産報佐久間ビル |
| | TEL 03-3258-6411　FAX 03-3258-6430 |
| 印　刷・製　本 | 株式会社ターゲット |

ⒸSANPO PUBLICATIONS, 2021 / ISBN978-4-88318-063-9 C3057

本書の内容を、許可なく講習会あるいは出版物などに使用することを禁じます。